大学数学

——线性代数

主　编　谢寿才　陈　渊

副主编　邓丽洪　雷开泉

科学出版社

北　京

内 容 简 介

本书以矩阵为主线. 首先介绍矩阵及其运算, 而将行列式作为方阵的行列式的运算来处理. 在此基础上, 介绍矩阵的初等变换、矩阵的秩, 通过矩阵的初等变换来解线性方程组. 本书分为五章. 第1章介绍矩阵; 第2章讲述矩阵的初等变换与线性方程组; 第 3 章介绍向量组的线性相关性; 第 4 章介绍矩阵的特征值与特征向量; 第 5 章介绍二次型的相关知识. 全书注重各个知识点的衔接问题, 例题、习题的配置适中, 讲述合理, 遵循学习规律, 符合学生学习习惯.

本书适合普通高等教育师范类院校的一年级学生和相关人员参考使用.

图书在版编目(CIP)数据

大学数学——线性代数/谢寿才, 陈渊主编. —北京: 科学出版社, 2010

ISBN 978-7-03-029418-0

Ⅰ.大… Ⅱ. ①谢… ②陈… Ⅲ. ①高等数学-高等学校-教材②线性代数-高等学校-教材 Ⅳ. ①O13②O151.2

中国版本图书馆 CIP 数据核字 (2010) 第 214746 号

责任编辑: 王胡权 / 责任校对: 郭瑞芝
责任印制: 吴兆东 / 封面设计: 陈 敬

科 学 出 版 社 出版
北京东黄城根北街 16 号
邮政编码: 100717
http://www.sciencep.com
北京中石油彩色印刷有限责任公司印刷
科学出版社发行 各地新华书店经销
*
2011 年 1 月第 一 版 开本: B5(720×1000)
2024 年 9 月第十六次印刷 印张: 8 1/2
字数: 165 000

定价: 22.00 元

前　　言

本书根据高等学校非数学专业大学数学 —— 线性代数的教学大纲与考研大纲编写而成. 为保证本书的适用性, 在编写过程中, 我们对传统的《线性代数》教材, 从内容安排上进行了一定的调整, 力求例题、习题的配置更合理, 更具代表性. 全书以“矩阵”为主线, 突出“矩阵方法”, 将矩阵的初等变换作为课程内容的主要运算工具. 鉴于目前“线性代数”课教学学时的普遍减少, 本书在保证理论的完整性的前提下, 略去了一些非重点内容的定理证明.

本书第 1 章由陈渊、雷开泉编写, 第 2、3 章由邓丽洪编写, 第 4、5 章由谢寿才编写, 全书由谢寿才、陈渊统稿定稿.

全书共 5 章, 授课学时约为 36 学时.

本书的出版得到科学出版社的大力支持, 在此特别感谢科学出版社数理分社的张中兴老师为本书出版付出的大量心血.

由于编者水平有限, 书中疏漏和不当之处在所难免, 敬请读者批评指正, 以期完善.

编　者

2010 年 11 月

目　　录

第 1 章　矩　　阵

1.1　矩阵的概念

1.1.1　引例

引例 1　某航空公司有下面 4 个城市之间的航线图:

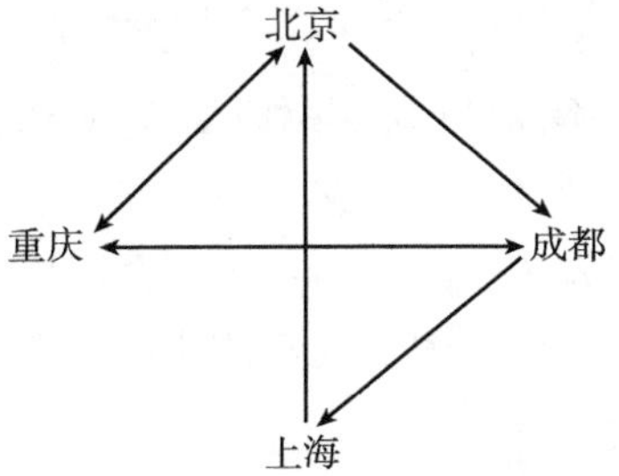

为了方便, 常用下面的数表表示. 其中“1”表示有航班,“0”表示没有航班. 得到下面一个数表, 这个数表反映了 4 个城市之间交通的连接情况.

	重庆	北京	成都	上海
重庆	0	1	1	0
北京	1	0	1	0
成都	1	0	0	1
上海	0	1	0	0

引例 2　线性方程组

$$\begin{cases} a_{11}x_1 + a_{12}x_2 + \cdots + a_{1n}x_n = b_1, \\ a_{21}x_1 + a_{22}x_2 + \cdots + a_{2n}x_n = b_2, \\ \cdots\cdots \\ a_{m1}x_1 + a_{m2}x_2 + \cdots + a_{mn}x_n = b_m \end{cases}$$

的系数 $a_{ij}(i=1,2,\cdots,m; j=1,2,\cdots,n)$, $b_i(i=1,2,\cdots,m)$ 按原来的位置构成一个数表

$$\begin{pmatrix} a_{11} & a_{12} & \cdots & a_{1n} & b_1 \\ a_{21} & a_{22} & \cdots & a_{2n} & b_2 \\ \vdots & \vdots & & \vdots & \vdots \\ a_{m1} & a_{m2} & \cdots & a_{mn} & b_m \end{pmatrix}.$$

这个数表决定了线性方程组是否有解, 解是什么等问题. 因此, 研究这样的数表很有必要.

1.1.2 矩阵的概念

定义 1.1 由 $m \times n$ 个数 $a_{ij}(i=1,2,\cdots,m;j=1,2,\cdots,n)$ 排成的 m 行 n 列的数表

$$\begin{pmatrix} a_{11} & a_{12} & \cdots & a_{1n} \\ a_{21} & a_{22} & \cdots & a_{2n} \\ \vdots & \vdots & & \vdots \\ a_{m1} & a_{m2} & \cdots & a_{mn} \end{pmatrix},$$

称其为一个 m 行 n 列矩阵, 简称为 $m \times n$**矩阵**. 矩阵通常用 $\boldsymbol{A},\boldsymbol{B},\boldsymbol{C}$ 等来表示. 记为 $\boldsymbol{A}=(a_{ij})_{m\times n}$ 或 $\boldsymbol{A}_{m\times n}$, 其中 a_{ij} 为第 i 行第 j 列交叉位置上的元素.

元素 $a_{ij}(i=1,2,\cdots,m;j=1,2,\cdots,n)$ 都为实数的矩阵称为**实矩阵**; 元素 $a_{ij}(i=1,2,\cdots,m;j=1,2,\cdots,n)$ 中有复数的矩阵称为**复矩阵.**

例如,$\begin{pmatrix} 1 & 0 & 3 & 5 \\ -9 & 6 & 4 & 3 \end{pmatrix}$ 是一个 2×4 实矩阵, $\begin{pmatrix} 13 & 6 & 2\mathrm{i} \\ 2 & 2 & 2 \\ 2 & 2 & 2 \end{pmatrix}$ 是一个 3×3 复矩阵.

元素全为零的矩阵称为**零矩阵**, $m \times n$ 零矩阵记作 $\boldsymbol{O}_{m\times n}$.

在矩阵 $\boldsymbol{A}_{m\times n}$ 中, 当 $m=1$ 时, 称为**行矩阵**; 当 $n=1$ 时, 称为**列矩阵**; 当 $m=n$ 时, 称为 n 阶**方阵**, 简记为 $\boldsymbol{A}_n$.

若矩阵 $\boldsymbol{A},\boldsymbol{B}$ 的行数相同, 列数也相同, 则称 $\boldsymbol{A},\boldsymbol{B}$ 为**同型矩阵.**设矩阵 $\boldsymbol{A},\boldsymbol{B}$ 是同型矩阵, 如果对一切 i,j, 都有 $a_{ij}=b_{ij}$, 则称矩阵 $\boldsymbol{A},\boldsymbol{B}$ 相等, 记作 $\boldsymbol{A}=\boldsymbol{B}$.

[注] 零矩阵不一定是相等的. 例如, $\begin{pmatrix} 0 & 0 & 0 \\ 0 & 0 & 0 \end{pmatrix} \neq \begin{pmatrix} 0 & 0 \\ 0 & 0 \end{pmatrix}$.

1.1.3 几种特殊的矩阵

1. 对角矩阵

称方阵

$$\begin{pmatrix} a_1 & 0 & \cdots & 0 \\ 0 & a_2 & \cdots & 0 \\ \vdots & \vdots & & \vdots \\ 0 & 0 & \cdots & a_n \end{pmatrix}$$

为**对角矩阵,**记为 $\boldsymbol{\Lambda}$ 或 $\mathrm{diag}(a_1, a_2, \cdots, a_n)$. 其特点是: 除从左上角到右下角 (称为**主对角线**) 上的元素以外, 其余元素都为零.

2. 数量矩阵

若对角矩阵的主对角线上的元素全为非零常数 k, 即

$$\begin{pmatrix} k & 0 & \cdots & 0 \\ 0 & k & \cdots & 0 \\ \vdots & \vdots & & \vdots \\ 0 & 0 & \cdots & k \end{pmatrix}_{n\times n},$$

则称该矩阵为**数量矩阵**(或**标量矩阵**), 记为 $k\boldsymbol{E}$.

3. 单位矩阵

若对角矩阵的主对角线上的元素全为 1, 即

$$\begin{pmatrix} 1 & 0 & \cdots & 0 \\ 0 & 1 & \cdots & 0 \\ \vdots & \vdots & & \vdots \\ 0 & 0 & \cdots & 1 \end{pmatrix}_{n\times n},$$

称其为 n 阶**单位矩阵**, 记为 $\boldsymbol{E}_n$ 或 $\boldsymbol{E}$.

4. 三角阵

主对角线上 (下) 方元素全为 0 的方阵, 称为**下 (上) 三角阵**. 如

$$\boldsymbol{A} = \begin{pmatrix} a_{11} & 0 & \cdots & 0 \\ a_{21} & a_{22} & \cdots & 0 \\ \vdots & \vdots & & \vdots \\ a_{n1} & a_{n2} & \cdots & a_{nn} \end{pmatrix}, \quad \boldsymbol{B} = \begin{pmatrix} a_{11} & a_{12} & \cdots & a_{1n} \\ 0 & a_{22} & \cdots & a_{2n} \\ \vdots & \vdots & & \vdots \\ 0 & 0 & \cdots & a_{nn} \end{pmatrix},$$

矩阵 $\boldsymbol{A}$ 为**下三角阵**, $\boldsymbol{B}$ 为**上三角阵**.

1.2 矩阵的运算

1.2.1 矩阵的线性运算

定义 1.2 设矩阵 $\boldsymbol{A} = (a_{ij}), \boldsymbol{B} = (b_{ij})$ 都是 $m \times n$ 矩阵, 矩阵 $\boldsymbol{A}$ 与矩阵 $\boldsymbol{B}$

的和记为 $\boldsymbol{A}+\boldsymbol{B}$, 规定

$$\boldsymbol{A}+\boldsymbol{B}=\begin{pmatrix} a_{11}+b_{11} & a_{12}+b_{12} & \cdots & a_{1n}+b_{1n} \\ a_{21}+b_{21} & a_{22}+b_{22} & \cdots & a_{2n}+b_{2n} \\ \vdots & \vdots & & \vdots \\ a_{m1}+b_{m1} & a_{m2}+b_{m2} & \cdots & a_{mn}+b_{mn} \end{pmatrix}.$$

[注]　只有当两个矩阵是同型矩阵时, 才能进行加法运算.

设矩阵 $\boldsymbol{A}=(a_{ij})$, 记 $-\boldsymbol{A}=(-a_{ij})$, 称 $-\boldsymbol{A}$ 为矩阵 $\boldsymbol{A}$ 的**负矩阵**.这样, 矩阵的减法可定义为

$$\boldsymbol{A}-\boldsymbol{B}=\boldsymbol{A}+(-\boldsymbol{B}).$$

显然

$$\boldsymbol{A}-\boldsymbol{A}=\boldsymbol{A}+(-\boldsymbol{A})=\boldsymbol{O}.$$

定义 1.3　数 λ 与矩阵 $\boldsymbol{A}$ 的乘积, 记作 $\lambda\boldsymbol{A}$ 或 $\boldsymbol{A}\lambda$, 规定为

$$\lambda\boldsymbol{A}=\boldsymbol{A}\lambda=(\lambda a_{ij})=\begin{pmatrix} \lambda a_{11} & \lambda a_{12} & \cdots & \lambda a_{1n} \\ \lambda a_{21} & \lambda a_{22} & \cdots & \lambda a_{2n} \\ \vdots & \vdots & & \vdots \\ \lambda a_{m1} & \lambda a_{m2} & \cdots & \lambda a_{mn} \end{pmatrix}.$$

数与矩阵的乘积运算称为**数乘运算**. 特别地, $1\cdot\boldsymbol{A}=\boldsymbol{A}$, $(-1)\cdot\boldsymbol{A}=-\boldsymbol{A}$.

矩阵加法和数乘两种运算, 统称为矩阵的**线性运算**. 矩阵的线性运算满足以下运算律 (设 $\boldsymbol{A},\boldsymbol{B}$ 都为 $m\times n$ 矩阵, λ,μ 都为数):

(1) 加法交换律　$\boldsymbol{A}+\boldsymbol{B}=\boldsymbol{B}+\boldsymbol{A}$;

(2) 加法结合律　$(\boldsymbol{A}+\boldsymbol{B})+\boldsymbol{C}=\boldsymbol{A}+(\boldsymbol{B}+\boldsymbol{C})$;

(3) 数乘结合律　$\lambda(\mu\boldsymbol{A})=\mu(\lambda\boldsymbol{A})=(\lambda\mu)\boldsymbol{A}$;

(4) 数乘矩阵的分配律　$(\lambda+\mu)\boldsymbol{A}=\lambda\boldsymbol{A}+\mu\boldsymbol{A}$,

$$\lambda(\boldsymbol{A}+\boldsymbol{B})=\lambda\boldsymbol{A}+\lambda\boldsymbol{B}.$$

例 1.1　设 $\boldsymbol{A}=\begin{pmatrix} 1 & 7 & -1 \\ 4 & 2 & 3 \\ 2 & 0 & 1 \end{pmatrix}, \boldsymbol{B}=\begin{pmatrix} 1 & 0 & -1 \\ 4 & 0 & 3 \\ -3 & 0 & 1 \end{pmatrix}$.

(1) 求 $4\boldsymbol{A}-3\boldsymbol{B}$; (2) 已知 $4\boldsymbol{A}-2\boldsymbol{X}=3\boldsymbol{B}$, 求矩阵 $\boldsymbol{X}$.

解 (1) $4\boldsymbol{A}-3\boldsymbol{B}=4\begin{pmatrix}1&7&-1\\4&2&3\\2&0&1\end{pmatrix}-3\begin{pmatrix}1&0&-1\\4&0&3\\-3&0&1\end{pmatrix}$

$$=\begin{pmatrix}4&28&-4\\16&8&12\\8&0&4\end{pmatrix}-\begin{pmatrix}3&0&-3\\12&0&9\\-9&0&3\end{pmatrix}$$

$$=\begin{pmatrix}1&28&-1\\4&8&3\\17&0&1\end{pmatrix}.$$

(2) $\boldsymbol{X}=\dfrac{1}{2}(4\boldsymbol{A}-3\boldsymbol{B})=\dfrac{1}{2}\begin{pmatrix}1&28&-1\\4&8&3\\17&0&1\end{pmatrix}=\begin{pmatrix}\frac{1}{2}&14&-\frac{1}{2}\\2&4&\frac{3}{2}\\\frac{17}{2}&0&\frac{1}{2}\end{pmatrix}.$

1.2.2 矩阵的乘法

定义 1.4 设 $\boldsymbol{A}=(a_{ij})$ 是一个 $m\times s$ 矩阵, $\boldsymbol{B}=(b_{ij})$ 是一个 $s\times n$ 矩阵, 规定矩阵 $\boldsymbol{A}$ 与矩阵 $\boldsymbol{B}$ 的乘积是一个 $m\times n$ 矩阵 $\boldsymbol{C}=(c_{ij})$, 其中

$$c_{ij}=a_{i1}b_{1j}+a_{i2}b_{2j}+\cdots+a_{is}b_{sj}=\sum_{k=1}^{s}a_{ik}b_{kj},\quad i=1,2,\cdots,m;\ j=1,2,\cdots,n.$$

记作 $\boldsymbol{C}=\boldsymbol{AB}$, 常读作 **$\boldsymbol{A}$左乘$\boldsymbol{B}$或$\boldsymbol{B}$右乘$\boldsymbol{A}$**.

例 1.2 设矩阵 $\boldsymbol{A}=\begin{pmatrix}-2&4\\1&-5\end{pmatrix}$, $\boldsymbol{B}=\begin{pmatrix}2&0\\-3&-6\end{pmatrix}$, 求 $\boldsymbol{AB}$ 与 $\boldsymbol{BA}$.

解 $\boldsymbol{AB}=\begin{pmatrix}-2&4\\1&-5\end{pmatrix}\begin{pmatrix}2&0\\-3&-6\end{pmatrix}$

$$=\begin{pmatrix}-2\times2+4\times(-3)&-2\times0+4\times(-6)\\1\times2+(-5)\times(-3)&1\times0+(-5)\times(-6)\end{pmatrix}$$

$$=\begin{pmatrix}-16&-24\\17&30\end{pmatrix},$$

$$\boldsymbol{BA}=\begin{pmatrix}2&0\\-3&-6\end{pmatrix}\begin{pmatrix}-2&4\\1&-5\end{pmatrix}$$

$$=\begin{pmatrix}2\times(-2)+0\times1&2\times4+0\times(-5)\\-3\times(-2)+(-6)\times1&-3\times4+(-6)\times(-5)\end{pmatrix}$$

$$= \begin{pmatrix} -4 & 8 \\ 0 & 18 \end{pmatrix}.$$

例 1.3　设 $\boldsymbol{A} = \begin{pmatrix} 1 & 2 & 1 & 4 \\ 5 & -8 & 0 & 2 \\ 10 & 1 & 3 & 7 \end{pmatrix}$, $\boldsymbol{B} = \boldsymbol{E} = \begin{pmatrix} 1 & 0 & 0 & 0 \\ 0 & 1 & 0 & 0 \\ 0 & 0 & 1 & 0 \\ 0 & 0 & 0 & 1 \end{pmatrix}$, 求 $\boldsymbol{AB}$.

解　$\boldsymbol{AB}=\boldsymbol{AE}=\begin{pmatrix} 1 & 2 & 1 & 4 \\ 5 & -8 & 0 & 2 \\ 10 & 1 & 3 & 7 \end{pmatrix}\begin{pmatrix} 1 & 0 & 0 & 0 \\ 0 & 1 & 0 & 0 \\ 0 & 0 & 1 & 0 \\ 0 & 0 & 0 & 1 \end{pmatrix}=\begin{pmatrix} 1 & 2 & 1 & 4 \\ 5 & -8 & 0 & 2 \\ 10 & 1 & 3 & 7 \end{pmatrix}=\boldsymbol{A}$.

矩阵乘法满足以下运算规律:

(1) 结合律　$(\boldsymbol{AB})\boldsymbol{C} = \boldsymbol{A}(\boldsymbol{BC})$;

(2) 分配律　$\boldsymbol{A}(\boldsymbol{B}+\boldsymbol{C}) = \boldsymbol{AB}+\boldsymbol{AC}$, $(\boldsymbol{B}+\boldsymbol{C})\boldsymbol{A} = \boldsymbol{BA}+\boldsymbol{CA}$;

(3) $\lambda(\boldsymbol{AB}) = (\lambda\boldsymbol{A})\boldsymbol{B} = \boldsymbol{A}(\lambda\boldsymbol{B})$, 其中 λ 为数;

(4) 设矩阵 $\boldsymbol{A}_{m\times n}$, 则 $\boldsymbol{AE}_n = \boldsymbol{E}_m\boldsymbol{A} = \boldsymbol{A}$.

[注]　由例 1.2 知, 矩阵乘法不满足交换律, 即 $\boldsymbol{AB} = \boldsymbol{BA}$ 不一定成立.

定义 1.5　若矩阵 $\boldsymbol{A}$ 与矩阵 $\boldsymbol{B}$ 满足 $\boldsymbol{AB} = \boldsymbol{BA}$, 则称矩阵 $\boldsymbol{A}, \boldsymbol{B}$ **可交换**, 否则称为**不可交换**. 显然, 可交换的矩阵一定是方阵.

例 1.4　设 $\boldsymbol{A} = \begin{pmatrix} 1 & 1 \\ -1 & -1 \end{pmatrix}$, $\boldsymbol{B} = \begin{pmatrix} 1 & -1 \\ -1 & 1 \end{pmatrix}$, $\boldsymbol{C} = \begin{pmatrix} 2 & 0 \\ 0 & 2 \end{pmatrix}$, $\boldsymbol{D} = \begin{pmatrix} 1 & -1 \\ -1 & 1 \end{pmatrix}$, 判断矩阵 $\boldsymbol{A}$ 与矩阵 $\boldsymbol{B}$, 矩阵 $\boldsymbol{C}$ 与矩阵 $\boldsymbol{D}$ 是否可交换.

解　因 $\boldsymbol{AB} = \begin{pmatrix} 0 & 0 \\ 0 & 0 \end{pmatrix}$, $\boldsymbol{BA} = \begin{pmatrix} 2 & 2 \\ -2 & -2 \end{pmatrix}$, $\boldsymbol{AB} \neq \boldsymbol{BA}$, 因此, 矩阵 $\boldsymbol{A}$ 与 $\boldsymbol{B}$ 不可交换;

因 $\boldsymbol{CD} = \begin{pmatrix} 2 & -2 \\ -2 & 2 \end{pmatrix}$, $\boldsymbol{DC} = \begin{pmatrix} 2 & -2 \\ -2 & 2 \end{pmatrix}$, 即 $\boldsymbol{CD} = \boldsymbol{DC}$, 因此, 矩阵 $\boldsymbol{C}$ 与矩阵 $\boldsymbol{D}$ 可交换.

[注]　矩阵乘法也不满足消去律, 即由 $\boldsymbol{AB} = \boldsymbol{AC}, \boldsymbol{A} \neq \boldsymbol{O}$ 不能推出 $\boldsymbol{B} = \boldsymbol{C}$. 例如, 若 $\boldsymbol{A} = \begin{pmatrix} 1 & 1 \\ -1 & -1 \end{pmatrix}$, $\boldsymbol{B} = \begin{pmatrix} 1 & -1 \\ -1 & 1 \end{pmatrix}$, $\boldsymbol{C} = \begin{pmatrix} 2 & -2 \\ -2 & 2 \end{pmatrix}$, 有

$$\boldsymbol{AB} = \begin{pmatrix} 0 & 0 \\ 0 & 0 \end{pmatrix} = \boldsymbol{AC},$$

但 $\boldsymbol{B} \neq \boldsymbol{C}$. 特别地, 由 $\boldsymbol{AB} = \boldsymbol{O}$ 不能得出 $\boldsymbol{A} = \boldsymbol{O}$ 或 $\boldsymbol{B} = \boldsymbol{O}$.

例 1.5 设 $\boldsymbol{A}=\begin{pmatrix}1 & 7\\ 4 & 2\end{pmatrix}$, $\boldsymbol{B}=\begin{pmatrix}1 & 1\\ 4 & -22\end{pmatrix}$, 求满足 $\boldsymbol{AX}=\boldsymbol{B}$ 的矩阵 $\boldsymbol{X}$.

解 设 $\boldsymbol{X}=\begin{pmatrix}a & b\\ c & d\end{pmatrix}$, 则

$$\boldsymbol{AX}=\begin{pmatrix}1 & 7\\ 4 & 2\end{pmatrix}\begin{pmatrix}a & b\\ c & d\end{pmatrix}=\begin{pmatrix}a+7c & b+7d\\ 4a+2c & 4b+2d\end{pmatrix},$$

所以

$$\begin{cases} a+7c=1,\\ b+7d=1,\\ 4a+2c=4,\\ 4b+2d=-22.\end{cases}$$

解得

$$\begin{cases} a=1,\\ b=-6,\\ c=0,\\ d=1.\end{cases}$$

因此, $\boldsymbol{X}=\begin{pmatrix}1 & -6\\ 0 & 1\end{pmatrix}$.

定义 1.6 设 $\boldsymbol{A}$ 是一个 n 阶方阵, 记

$$\boldsymbol{A}^1=\boldsymbol{A},\quad \boldsymbol{A}^2=\boldsymbol{A}\cdot\boldsymbol{A},\cdots,\quad \boldsymbol{A}^{k+1}=\boldsymbol{A}^k\cdot\boldsymbol{A},$$

其中 k 为正整数, 称 $\boldsymbol{A}^k$ 为方阵 $\boldsymbol{A}$ 的 **k次幂**, 也就是 k 个 $\boldsymbol{A}$ 的连乘积. 规定 $\boldsymbol{A}^0=\boldsymbol{E}$. 容易验证方阵的幂运算满足以下运算律:

$$\boldsymbol{A}^k\boldsymbol{A}^l=\boldsymbol{A}^{k+l},\quad \left(\boldsymbol{A}^k\right)^l=\boldsymbol{A}^{kl},$$

其中 k, l 都为正整数.

若多项式 $f(x)=a_kx^k+a_{k-1}x^{k-1}+\cdots+a_1x+a_0$ ($a_k,a_{k-1},\cdots,a_0$ 均为实数) 中的 x 以方阵 $\boldsymbol{A}$ 代替, 得

$$f(\boldsymbol{A})=a_k\boldsymbol{A}^k+a_{k-1}\boldsymbol{A}^{k-1}+\cdots+a_1\boldsymbol{A}+a_0\boldsymbol{E},$$

称其为**方阵$\boldsymbol{A}$的多项式**.

可以验证, 设矩阵 $\boldsymbol{A}$ 为 n 阶方阵, 则有 $f(\boldsymbol{A})\cdot\varphi(\boldsymbol{A})=\varphi(\boldsymbol{A})\cdot f(\boldsymbol{A})$, 其中 $f(\boldsymbol{A}),\varphi(\boldsymbol{A})$ 都为方阵 $\boldsymbol{A}$ 的多项式.

因矩阵的乘法不满足交换律, 因此, 一般情况下 $(\boldsymbol{AB})^k\neq\boldsymbol{A}^k\boldsymbol{B}^k, \boldsymbol{A}^2-\boldsymbol{B}^2\neq(\boldsymbol{A}+\boldsymbol{B})(\boldsymbol{A}-\boldsymbol{B})$, $(\boldsymbol{A}+\boldsymbol{B})^2\neq\boldsymbol{A}^2+2\boldsymbol{AB}+\boldsymbol{B}^2$, 等等.

1.2.3 矩阵的转置

定义 1.7 设矩阵 $\boldsymbol{A}=(a_{ij})_{m\times n}$, 把矩阵 $\boldsymbol{A}$ 的行换成同序数的列, 得到新矩阵 $\boldsymbol{B}=(a_{ji})_{n\times m}$, 称矩阵 $\boldsymbol{B}$ 为矩阵 $\boldsymbol{A}$ 的**转置矩阵**, 记作 $\boldsymbol{A}^{\mathrm{T}}$.

例如, $\boldsymbol{A}=\begin{pmatrix}1&2&2\\4&5&8\end{pmatrix}$, $\boldsymbol{A}^{\mathrm{T}}=\begin{pmatrix}1&4\\2&5\\2&8\end{pmatrix}$.

矩阵的转置也是一种运算, 并且满足以下运算律:

(1) $(\boldsymbol{A}^{\mathrm{T}})^{\mathrm{T}}=\boldsymbol{A}$;

(2) $(\boldsymbol{A}+\boldsymbol{B})^{\mathrm{T}}=\boldsymbol{A}^{\mathrm{T}}+\boldsymbol{B}^{\mathrm{T}}$;

(3) $(\lambda\boldsymbol{A})^{\mathrm{T}}=\lambda\boldsymbol{A}^{\mathrm{T}}$;

(4) $(\boldsymbol{A}\boldsymbol{B})^{\mathrm{T}}=\boldsymbol{B}^{\mathrm{T}}\boldsymbol{A}^{\mathrm{T}}$.

(2) 和 (4) 可推广到有限个的情形:

$$(\boldsymbol{A}_1+\boldsymbol{A}_2+\cdots+\boldsymbol{A}_k)^{\mathrm{T}}=\boldsymbol{A}_1^{\mathrm{T}}+\boldsymbol{A}_2^{\mathrm{T}}+\cdots+\boldsymbol{A}_k^{\mathrm{T}};$$
$$(\boldsymbol{A}_1\boldsymbol{A}_2\cdots\boldsymbol{A}_k)^{\mathrm{T}}=\boldsymbol{A}_k^{\mathrm{T}}\boldsymbol{A}_{k-1}^{\mathrm{T}}\cdots\boldsymbol{A}_1^{\mathrm{T}}.$$

例 1.6 已知 $\boldsymbol{A}=\begin{pmatrix}1&0&-1\\1&3&0\end{pmatrix}$, $\boldsymbol{B}=\begin{pmatrix}1&3&-1\\4&2&0\\2&0&1\end{pmatrix}$, 求 $(\boldsymbol{A}\boldsymbol{B})^{\mathrm{T}}$.

解 因 $\boldsymbol{A}\boldsymbol{B}=\begin{pmatrix}1&0&-1\\1&3&0\end{pmatrix}\begin{pmatrix}1&3&-1\\4&2&0\\2&0&1\end{pmatrix}=\begin{pmatrix}-1&3&-2\\13&9&-1\end{pmatrix}$, 所以 $(\boldsymbol{A}\boldsymbol{B})^{\mathrm{T}}=\begin{pmatrix}-1&13\\3&9\\-2&-1\end{pmatrix}$.

或 $(\boldsymbol{A}\boldsymbol{B})^{\mathrm{T}}=\boldsymbol{B}^{\mathrm{T}}\boldsymbol{A}^{\mathrm{T}}=\begin{pmatrix}1&4&2\\3&2&0\\-1&0&1\end{pmatrix}\begin{pmatrix}1&1\\0&3\\-1&0\end{pmatrix}=\begin{pmatrix}-1&13\\3&9\\-2&-1\end{pmatrix}$.

设矩阵 $\boldsymbol{A}$ 为 n 阶方阵, 如果 $\boldsymbol{A}^{\mathrm{T}}=\boldsymbol{A}$, 即对一切的 $i,j(1\leqslant i,j\leqslant n)$, 有

$$a_{ij}=a_{ji},$$

则称矩阵 $\boldsymbol{A}$ 为**对称矩阵**.

设矩阵 $\boldsymbol{A}$ 为 n 阶方阵, 如果 $\boldsymbol{A}^{\mathrm{T}}=-\boldsymbol{A}$, 即对一切的 $i,j(1\leqslant i,j\leqslant n)$, 有

$$a_{ij}=-a_{ji},$$

则称矩阵 $\boldsymbol{A}$ 为**反对称矩阵**. 当 $i=j$ 时, 由 $a_{ii}=-a_{ii}$, 得 $a_{ii}=0$. 因此, 反对称矩阵的主对角线上的元素都为 0.

例如, $\boldsymbol{A}=\begin{pmatrix}13&2&-3\\2&-1&0\\-3&0&1\end{pmatrix}$ 为 3 阶对称矩阵, $\boldsymbol{B}=\begin{pmatrix}0&-2&3\\2&0&0\\-3&0&0\end{pmatrix}$ 为 3 阶反对称矩阵.

例 1.7 设矩阵 $\boldsymbol{B}_{m\times n}$, 证明 $\boldsymbol{B}^{\mathrm{T}}\boldsymbol{B}$ 和 $\boldsymbol{B}\boldsymbol{B}^{\mathrm{T}}$ 都是对称矩阵.

证明 因 $(\boldsymbol{B}^{\mathrm{T}}\boldsymbol{B})^{\mathrm{T}}=\boldsymbol{B}^{\mathrm{T}}(\boldsymbol{B}^{\mathrm{T}})^{\mathrm{T}}=\boldsymbol{B}^{\mathrm{T}}\boldsymbol{B}$, 所以 $\boldsymbol{B}^{\mathrm{T}}\boldsymbol{B}$ 为对称阵; 同样, $(\boldsymbol{B}\boldsymbol{B}^{\mathrm{T}})^{\mathrm{T}}=(\boldsymbol{B}^{\mathrm{T}})^{\mathrm{T}}\boldsymbol{B}^{\mathrm{T}}=\boldsymbol{B}\boldsymbol{B}^{\mathrm{T}}$, $\boldsymbol{B}\boldsymbol{B}^{\mathrm{T}}$ 也是对称阵.

1.2.4 共轭矩阵

设矩阵 $\boldsymbol{A}=(a_{ij})$ 为复 (数) 矩阵, 称矩阵 $\overline{\boldsymbol{A}}=(\overline{a_{ij}})$ 为矩阵 $\boldsymbol{A}$ 的**共轭矩阵**, 其中 $\overline{a_{ij}}$ 表示 a_{ij} 的共轭复数.

共轭矩阵满足以下运算律:

(1) $\overline{\boldsymbol{A}+\boldsymbol{B}}=\overline{\boldsymbol{A}}+\overline{\boldsymbol{B}}$;

(2) $\overline{\lambda\boldsymbol{A}}=\overline{\lambda}\ \overline{\boldsymbol{A}}$;

(3) $\overline{\boldsymbol{A}\boldsymbol{B}}=\overline{\boldsymbol{A}}\cdot\overline{\boldsymbol{B}}$;

(4) $\overline{\boldsymbol{A}^{\mathrm{T}}}=(\overline{\boldsymbol{A}})^{\mathrm{T}}$,

其中 λ 是复数.

1.3 方阵的行列式

2 阶方阵 $\begin{pmatrix}a_{11}&a_{12}\\a_{21}&a_{22}\end{pmatrix}$ 的行列式为 $\begin{vmatrix}a_{11}&a_{12}\\a_{21}&a_{22}\end{vmatrix}=a_{11}a_{22}-a_{12}a_{21}$.

3 阶方阵 $\begin{pmatrix}a_{11}&a_{12}&a_{13}\\a_{21}&a_{22}&a_{23}\\a_{31}&a_{32}&a_{33}\end{pmatrix}$ 的行列式为

$$\begin{vmatrix}a_{11}&a_{12}&a_{13}\\a_{21}&a_{22}&a_{23}\\a_{31}&a_{32}&a_{33}\end{vmatrix}=a_{11}a_{22}a_{33}+a_{12}a_{23}a_{31}+a_{13}a_{21}a_{32}-a_{13}a_{22}a_{31}-a_{12}a_{21}a_{33}-a_{11}a_{23}a_{32}.$$

为了研究 n 阶方阵的行列式的定义, 下面先介绍全排列及其逆序数.

1.3.1 排列与逆序

定义 1.8 将自然数 $1,2,\cdots,n$ 排成一列称为这 n 个自然数的一个**全排列**. n 个数的不同排列有 $n!$ 个, 我们规定按数的大小次序, 由小到大的排列称为**自然排列**.

定义 1.9 在一个排列中, 若某个较大的数排在某个较小的数前面, 就称这两个数构成一个**逆序**, 一个排列中出现的逆序的总数称为这个排列的**逆序数,** 通常记为 $\tau(i_1i_2\cdots i_n)$.

逆序数为奇数的排列称为**奇排列**, 逆序数为偶数的排列称为**偶排列**.

例 1.8 求全排列 3 2 5 1 4 的逆序数.

解 在排列中,

第一个数 3, 排在首位, 没有逆序, 其逆序数为 0;

第二个数 2, 比 2 大排在 2 的前面有 1 个数, 构成 1 个逆序, 其逆序数为 1;

第三个数 5, 5 是这个排列中最大的数, 没有逆序, 其逆序数为 0;

第四个数 1, 比 1 大排在 1 的前面有 3 个数, 构成 3 个逆序, 其逆序数为 3;

第五个数 4, 比 4 大排在 4 的前面有 1 个数, 构成 1 个逆序, 其逆序数为 1;

所以, 全排列 3 2 5 1 4 的逆序数为

$$\tau(32514) = 0 + 1 + 0 + 3 + 1 = 5,$$

为奇排列.

定义 1.10 在排列中, 将任意两个元素对调, 其余元素不动, 称为一次**对换**. 将相邻两个元素对调, 称为**相邻对换**.

定理 1 对换改变排列的奇偶性.

证明 先考虑相邻对换.

对排列 $a_1\cdots a_l a b b_1\cdots b_m$ 中的相邻元素 a,b 作对换, 除 a,b 外其他元素的逆序数没有改变.

当 $a<b$ 时,

$$\tau(a_1\cdots a_l b a b_1\cdots b_m) = \tau(a_1\cdots a_l a b b_1\cdots b_m) + 1;$$

当 $a>b$ 时,

$$\tau(a_1\cdots a_l b a b_1\cdots b_m) = \tau(a_1\cdots a_l a b b_1\cdots b_m) - 1.$$

因此, 相邻对换改变排列的奇偶性.

再考虑一般情形.

对于排列 $a_1\cdots a_l a b_1\cdots b_m b c_1\cdots c_n$, 对换 a,b 相当于先将元素 a 与 $b_1,b_2,\cdots,b_m$ 逐一作相邻对换, 施行了 m 次相邻对换; 再将元素 b 与 $a,b_m,\cdots,b_2,b_1$ 逐一作相邻对换, 施行了 $m+1$ 次相邻对换, 共施行 $2m+1$ 次相邻对换得到排列 $a_1\cdots a_l b b_1\cdots b_m a c_1\cdots c_n$. 施行一次相邻对换, 改变一次排列的奇偶性; 施行 $2m+1$ 次相邻对换, 排列的奇偶性改变奇数次. 因此, 将一个排列中任意两个元素对换, 排列的奇偶性改变.

定理 2 自然数 $1\sim n(n\geqslant 2)$ 的全排列中, 奇偶排列各占一半, 各为 $\dfrac{n!}{2}$ 个.

证明 设 $1\sim n(n\geqslant 2)$ 这 n 个自然数的全排列中, 奇排列有 p 个, 偶排列有 q 个, 则 $p+q=n!$. 对 p 个奇排列, 施行同一对换, 由定理 1, 得到 p 个偶排列 (而且是 p 个不同的偶排列). 因为总共有 q 个偶排列, 所以 $p\leqslant q$.

同样, 对 q 个偶排列作类似处理, 得 $q\leqslant p$.

所以, $p=q=\dfrac{n!}{2}$.

1.3.2 n 阶方阵的行列式的定义

定义 1.11 由 n 阶方阵 $\boldsymbol{A}$ 的 n^2 个元素组成如下形式:

$$\begin{vmatrix} a_{11} & a_{12} & \cdots & a_{1n} \\ a_{21} & a_{22} & \cdots & a_{2n} \\ \vdots & \vdots & & \vdots \\ a_{n1} & a_{n2} & \cdots & a_{nn} \end{vmatrix},$$

称为 n **阶行列式**, 记为 $|\boldsymbol{A}|$ 或 $\det \boldsymbol{A}$. 也可用 D 来表示. 它等于 $n!$ 项的代数和, 其中每一项都是取自不同行、不同列的 n 个元素的乘积 $a_{1j_1}a_{2j_2}\cdots a_{nj_n}$, 并赋予符号 $(-1)^{\tau(j_1j_2\cdots j_n)}$. 这里, $j_1j_2\cdots j_n$ 是 $1,2,\cdots,n$ 的某个全排列, $\tau(j_1j_2\cdots j_n)$ 为该排列的逆序数, 即

$$|A|=\begin{vmatrix} a_{11} & a_{12} & \cdots & a_{1n} \\ a_{21} & a_{22} & \cdots & a_{2n} \\ \vdots & \vdots & & \vdots \\ a_{n1} & a_{n2} & \cdots & a_{nn} \end{vmatrix}=\sum(-1)^{\tau(j_1j_2\cdots j_n)}a_{1j_1}a_{2j_2}\cdots a_{nj_n}.$$

例如, 6 阶方阵的行列式由 6! 项组成的代数和, 对于含 $a_{12}a_{23}a_{35}a_{41}a_{54}a_{66}$ 的项, 由于 $\tau(235146)=4$, 所以其符号为正.

特别地, 当 $n=1$ 时,$|A|=|a_{11}|=a_{11}$, 此处行列式 $|a|$ 不是 a 的绝对值, 如行列式 $|-1|=-1$.

例 1.9 计算方阵的行列式

$$|\boldsymbol{A}|=\begin{vmatrix} 0 & 0 & 0 & 1 \\ 0 & 0 & 2 & 0 \\ 0 & 3 & 0 & 0 \\ 4 & 0 & 0 & 0 \end{vmatrix}.$$

解 在乘积 $a_{1j_1}a_{2j_2}a_{3j_3}a_{4j_4}$ 中, 只有当 $j_1=4,j_2=3,j_3=2,j_4=1$ 时, 才不

为 0. 并且全排列 4321 的逆序数 $\tau(4321)=6$，由行列式的定义有

$$|\boldsymbol{A}|=\begin{vmatrix}0&0&0&1\\0&0&2&0\\0&3&0&0\\4&0&0&0\end{vmatrix}=(-1)^{\tau(4321)}a_{14}a_{23}a_{32}a_{41}=(-1)^6\times1\times2\times3\times4=24.$$

由行列式的定义, 易知下面结论:

(1) 对角矩阵的行列式 (除主对角线上的元素外, 其余元素都为 0)

$$|\boldsymbol{A}|=\begin{vmatrix}a_{11}&0&\cdots&0\\0&a_{22}&\cdots&0\\\vdots&\vdots&&\vdots\\0&0&\cdots&a_{nn}\end{vmatrix}=a_{11}a_{22}\cdots a_{nn};$$

(2) 上 (下) 三角矩阵的行列式

$$|\boldsymbol{A}|=\begin{vmatrix}a_{11}&a_{12}&\cdots&a_{1n}\\0&a_{22}&\cdots&a_{2n}\\\vdots&\vdots&&\vdots\\0&0&\cdots&a_{nn}\end{vmatrix}=\begin{vmatrix}a_{11}&0&\cdots&0\\a_{21}&a_{22}&\cdots&0\\\vdots&\vdots&&\vdots\\a_{n1}&a_{n2}&\cdots&a_{nn}\end{vmatrix}=a_{11}a_{22}\cdots a_{nn};$$

(3) 负对角矩阵的行列式

$$|\boldsymbol{A}|=\begin{vmatrix}0&\cdots&0&a_{1n}\\0&\cdots&a_{2,n-1}&0\\\vdots&&\vdots&\vdots\\a_{n1}&\cdots&0&0\end{vmatrix}=(-1)^{\frac{n(n-1)}{2}}a_{1n}a_{2,n-1}\cdots a_{n1}.$$

在行列式定义中, 如果对调 $a_{1j_1}a_{2j_2}\cdots a_{nj_n}$ 中任意两个元素, 其行标排列及列标排列同时经过一次对换. 设对换前列标排列 $j_1j_2\cdots j_n$ 的逆序数为 s, 经过一次对换后行标排列的逆序数为 t, 列标排列的逆序数为 s'. 由定理 1, 对换改变排列的奇偶性, 即 t 为奇数, $(-1)^s=-(-1)^{s'}$. 因此 $(-1)^s=(-1)^{s'+t}$，即交换项 $a_{1j_1}a_{2j_2}\cdots a_{2j_n}$ 中任意两个元素的位置后, 其行标和列标构成的排列的逆序数之和的奇偶性不变. 经过若干次对换项 $a_{1j_1}a_{2j_2}\cdots a_{nj_n}$ 中元素的次序, 总可以把它对换成 $a_{i_11}a_{i_22}\cdots a_{i_nn}$. 从而, 有

$$(-1)^{\tau(j_1j_2\cdots j_n)}=(-1)^{\tau(i_1i_2\cdots i_n)+\tau(12\cdots n)}=(-1)^{\tau(i_1i_2\cdots i_n)}.$$

这样, 便有行列式的另一等价定义.

定义 1.12 (行列式的等价定义)

$$\begin{vmatrix} a_{11} & a_{12} & \cdots & a_{1n} \\ a_{21} & a_{22} & \cdots & a_{2n} \\ \vdots & \vdots & & \vdots \\ a_{n1} & a_{n2} & \cdots & a_{nn} \end{vmatrix} = \sum (-1)^{\tau(i_1 i_2 \cdots i_n)} a_{i_1 1} a_{i_2 2} \cdots a_{i_n n}.$$

1.3.3 方阵的行列式的性质

性质 1 n 阶方阵 $\boldsymbol{A} = (a_{ij})_{n\times n}$ 的转置矩阵 $\boldsymbol{A}^{\mathrm{T}}$ 的行列式等于矩阵 $\boldsymbol{A}$ 的行列式, 即

设 $\boldsymbol{A}=\begin{pmatrix} a_{11} & a_{12} & \cdots & a_{1n} \\ a_{21} & a_{22} & \cdots & a_{2n} \\ \vdots & \vdots & & \vdots \\ a_{n1} & a_{n2} & \cdots & a_{nn} \end{pmatrix}$, $\boldsymbol{A}^{\mathrm{T}}=\begin{pmatrix} a_{11} & a_{21} & \cdots & a_{n1} \\ a_{12} & a_{22} & \cdots & a_{n2} \\ \vdots & \vdots & & \vdots \\ a_{1n} & a_{2n} & \cdots & a_{nn} \end{pmatrix}$, 则 $|\boldsymbol{A}^{\mathrm{T}}| = |\boldsymbol{A}|$.

证明 记 $|\boldsymbol{A}^{\mathrm{T}}| = \begin{vmatrix} b_{11} & b_{12} & \cdots & b_{1n} \\ b_{21} & b_{22} & \cdots & b_{2n} \\ \vdots & \vdots & & \vdots \\ b_{n1} & b_{n2} & \cdots & b_{nn} \end{vmatrix}$, 即 $b_{ij} = a_{ji} \quad (i, j = 1, 2, \cdots, n)$, 由行列式的定义有

$$\left|\boldsymbol{A}^{\mathrm{T}}\right| = \sum (-1)^{\tau(j_1 j_2 \cdots j_n)} b_{1j_1} b_{2j_2} \cdots b_{nj_n} = \sum (-1)^{\tau(j_1 j_2 \cdots j_n)} a_{j_1 1} a_{j_2 2} \cdots a_{j_n n} = |\boldsymbol{A}|.$$

性质 1 表明, 行列式的行和列所处地位是一致的, 因此关于行成立的性质, 对列也同样成立.

性质 2 交换行列式的任意两行 (列), 行列式变号.

证明 设

$$|\boldsymbol{A}| = \begin{vmatrix} a_{11} & a_{12} & \cdots & a_{1n} \\ \vdots & \vdots & & \vdots \\ a_{i1} & a_{i2} & \cdots & a_{in} \\ \vdots & \vdots & & \vdots \\ a_{j1} & a_{j2} & \cdots & a_{jn} \\ \vdots & \vdots & & \vdots \\ a_{n1} & a_{n2} & \cdots & a_{nn} \end{vmatrix},$$

交换 i,j 两行, 得

$$|\boldsymbol{A}_1|=\begin{vmatrix} a_{11} & a_{12} & \cdots & a_{1n} \\ \vdots & \vdots & & \vdots \\ a_{j1} & a_{j2} & \cdots & a_{jn} \\ \vdots & \vdots & & \vdots \\ a_{i1} & a_{i2} & \cdots & a_{in} \\ \vdots & \vdots & & \vdots \\ a_{n1} & a_{n2} & \cdots & a_{nn} \end{vmatrix}.$$

由行列式的定义可知, $|\boldsymbol{A}|$ 中任一项可以写成

$$(-1)^{\tau(p_1\cdots p_i\cdots p_j\cdots p_n)}a_{1p_1}\cdots a_{ip_i}\cdots a_{jp_j}\cdots a_{np_n}. \tag{1.1}$$

因为

$$a_{1p_1}\cdots a_{ip_i}\cdots a_{jp_j}\cdots a_{np_n}=a_{1p_1}\cdots a_{jp_j}\cdots a_{ip_i}\cdots a_{np_n}, \tag{1.2}$$

显然这是 $|\boldsymbol{A}_1|$ 中取自不同行、不同列的 n 个元素的乘积, 而且式 (1.2) 右端的 n 个元素是按它们在 $|\boldsymbol{A}_1|$ 中所处的行标为自然顺序排好的, 因此

$$(-1)^{\tau(p_1\cdots p_j\cdots p_i\cdots p_n)}a_{1p_1}\cdots a_{jp_j}\cdots a_{ip_i}\cdots a_{np_n} \tag{1.3}$$

是 $|\boldsymbol{A}_1|$ 中的一项.

因为排列 $p_1\cdots p_j\cdots p_i\cdots p_n$ 与排列 $p_1\cdots p_i\cdots p_j\cdots p_n$ 的奇偶性相反, 所以式 (1.1) 与式 (1.3) 相差一个符号. 这就证明了 $|\boldsymbol{A}|$ 的任一项反号是 $|\boldsymbol{A}_1|$ 中的项, 同样可以证明 $|\boldsymbol{A}_1|$ 中的任一项反号也是 $|\boldsymbol{A}|$ 中的项. 因此, $|\boldsymbol{A}|=-|\boldsymbol{A}_1|$.

通常用字母 r 表示行, 用字母 c 表示列, 具体为：$r_i\leftrightarrow r_j(c_i\leftrightarrow c_j)$ 表示交换行列式的第 i 行 (列) 和第 j 行 (列), kr_i (kc_i) 表示第 i 行 (列) 乘以数 k, kr_i+r_j (kc_i+c_j) 表示第 i 行 (列) 的 k 倍加到第 j 行 (列) 的对应元素上.

推论 1　如果行列式的某两行 (列) 对应元素相同, 则行列式为 0.

性质 3　用数 k 乘以行列式的某一行 (列) 中所有元素, 等于用数 k 乘以此行列式.(证明略)

推论 2　行列式中某一行 (列) 的公因子可以提到行列式符号外面, 即

$$\begin{vmatrix} a_{11} & a_{12} & \cdots & a_{1n} \\ \vdots & \vdots & & \vdots \\ ka_{i1} & ka_{i2} & \cdots & ka_{in} \\ \vdots & \vdots & & \vdots \\ a_{n1} & a_{n2} & \cdots & a_{nn} \end{vmatrix}=k\begin{vmatrix} a_{11} & a_{12} & \cdots & a_{1n} \\ \vdots & \vdots & & \vdots \\ a_{i1} & a_{i2} & \cdots & a_{in} \\ \vdots & \vdots & & \vdots \\ a_{n1} & a_{n2} & \cdots & a_{nn} \end{vmatrix}.$$

推论 3 若行列式某两行 (列) 的对应元素成比例, 则行列式等于 0 .

性质 4 在行列式中, 如果某一行 (列) 都是两数之和, 则此行列式等于两个行列式的和, 并且这两个行列式除这一行 (列) 以外, 其余的行 (列) 与原来行列式对应的行 (列) 一样. 即

$$\begin{vmatrix} a_{11} & a_{12} & \cdots & a_{1n} \\ \vdots & \vdots & & \vdots \\ b_{i1}+c_{i1} & b_{i2}+c_{i2} & \cdots & b_{in}+c_{in} \\ \vdots & \vdots & & \vdots \\ a_{n1} & a_{n2} & \cdots & a_{nn} \end{vmatrix} = \begin{vmatrix} a_{11} & a_{12} & \cdots & a_{1n} \\ \vdots & \vdots & & \vdots \\ b_{i1} & b_{i2} & \cdots & b_{in} \\ \vdots & \vdots & & \vdots \\ a_{n1} & a_{n2} & \cdots & a_{nn} \end{vmatrix} + \begin{vmatrix} a_{11} & a_{12} & \cdots & a_{1n} \\ \vdots & \vdots & & \vdots \\ c_{i1} & c_{i2} & \cdots & c_{in} \\ \vdots & \vdots & & \vdots \\ a_{n1} & a_{n2} & \cdots & a_{nn} \end{vmatrix}.$$

例 1.10 计算 3 阶行列式

$$|\boldsymbol{A}| = \begin{vmatrix} 203 & 1 & 2 \\ 396 & 2 & -1 \\ 598 & 3 & 0 \end{vmatrix}.$$

解 由性质 4 及推论 3, 有

$$|\boldsymbol{A}| = \begin{vmatrix} 200+3 & 1 & 2 \\ 400-4 & 2 & -1 \\ 600-2 & 3 & 0 \end{vmatrix} = \begin{vmatrix} 200 & 1 & 2 \\ 400 & 2 & -1 \\ 600 & 3 & 0 \end{vmatrix} + \begin{vmatrix} 3 & 1 & 2 \\ -4 & 2 & -1 \\ -2 & 3 & 0 \end{vmatrix} = 0 + (-5) = -5.$$

性质 5 行列式的某一行 (列) 的所有元素乘以同一数 k 后再加到另一行 (列) 对应元素上, 行列式的值不变. 即

$$\begin{vmatrix} a_{11} & a_{12} & \cdots & a_{1n} \\ \vdots & \vdots & & \vdots \\ a_{i1} & a_{i2} & \cdots & a_{in} \\ \vdots & \vdots & & \vdots \\ a_{j1} & a_{j2} & \cdots & a_{jn} \\ \vdots & \vdots & & \vdots \\ a_{n1} & a_{n2} & \cdots & a_{nn} \end{vmatrix} = \begin{vmatrix} a_{11} & a_{12} & \cdots & a_{1n} \\ \vdots & \vdots & & \vdots \\ a_{i1} & a_{i2} & \cdots & a_{in} \\ \vdots & \vdots & & \vdots \\ a_{j1}+ka_{i1} & a_{j2}+ka_{i2} & \cdots & a_{jn}+ka_{in} \\ \vdots & \vdots & & \vdots \\ a_{n1} & a_{n2} & \cdots & a_{nn} \end{vmatrix}.$$

例 1.11　计算 4 阶行列式

$$|\boldsymbol{A}|=\begin{vmatrix}3&1&-1&2\\-1&-1&3&-4\\2&3&1&-1\\1&1&0&4\end{vmatrix}.$$

解

$$|\boldsymbol{A}|=\begin{vmatrix}3&1&-1&2\\-1&-1&3&-4\\2&3&1&-1\\1&1&0&4\end{vmatrix}\overset{r_1\leftrightarrow r_4}{=}\begin{vmatrix}1&1&0&4\\-1&-1&3&-4\\2&3&1&-1\\3&1&-1&2\end{vmatrix}$$

$$\overset{\substack{r_2+r_1\\r_3+(-2)r_1\\r_4+(-3)r_1}}{=}\begin{vmatrix}1&1&0&4\\0&0&3&0\\0&1&1&-9\\0&-2&-1&-10\end{vmatrix}\overset{r_2\leftrightarrow r_3}{=}\begin{vmatrix}1&1&0&4\\0&1&1&-9\\0&0&3&0\\0&-2&-1&-10\end{vmatrix}$$

$$\overset{r_4+2r_2}{=}\begin{vmatrix}1&1&0&4\\0&1&1&-9\\0&0&3&0\\0&0&1&-28\end{vmatrix}\overset{r_4+(-\frac{1}{3})r_3}{=}\begin{vmatrix}1&1&0&4\\0&1&1&-9\\0&0&3&0\\0&0&0&-28\end{vmatrix}=-84.$$

例 1.12　计算 n 阶方阵 $\boldsymbol{A}$ 的行列式 $|\boldsymbol{A}|$, 其中

$$\boldsymbol{A}=\begin{pmatrix}a&b&\cdots&b\\b&a&\cdots&b\\\vdots&\vdots&&\vdots\\b&b&\cdots&a\end{pmatrix}.$$

解　将行列式的每一列加到第一列后, 将第一列的公因子 $a+(n-1)b$ 提出, 再将第一行乘以 (-1) 加到后面各行, 便将其化成上三角行列式.

$$|\boldsymbol{A}|=\begin{vmatrix}a&b&\cdots&b\\b&a&\cdots&b\\\vdots&\vdots&&\vdots\\b&b&\cdots&a\end{vmatrix}=[a+(n-1)b]\begin{vmatrix}1&b&\cdots&b\\1&a&\cdots&b\\\vdots&\vdots&&\vdots\\1&b&\cdots&a\end{vmatrix}$$

$$=[a+(n-1)b]\begin{vmatrix}1&b&\cdots&b\\0&a-b&\cdots&0\\\vdots&\vdots&&\vdots\\0&0&\cdots&a-b\end{vmatrix}=[a+(n-1)b](a-b)^{n-1}.$$

例 1.13 计算 $n+1$ 阶方阵 $\boldsymbol{A}$ 的行列式 $|\boldsymbol{A}|$, 其中

$$\boldsymbol{A}=\begin{pmatrix} -a_1 & a_1 & 0 & \cdots & 0 & 0 \\ 0 & -a_2 & a_2 & \cdots & 0 & 0 \\ \vdots & \vdots & \vdots & & \vdots & \vdots \\ 0 & 0 & 0 & \cdots & -a_n & a_n \\ 1 & 1 & 1 & \cdots & 1 & 1 \end{pmatrix}.$$

解 将行列式 $|\boldsymbol{A}|$ 的第一列加到第二列上, 所得新的第二列加到第三列上, ……, 新的第 n 列加到第 $n+1$ 列上, 则有

$$|\boldsymbol{A}|=\begin{vmatrix} -a_1 & 0 & 0 & \cdots & 0 & 0 \\ 0 & -a_2 & 0 & \cdots & 0 & 0 \\ 0 & 0 & -a_3 & \cdots & 0 & 0 \\ \vdots & \vdots & \vdots & & \vdots & \vdots \\ 0 & 0 & 0 & \cdots & -a_n & 0 \\ 1 & 2 & 3 & \cdots & n & n+1 \end{vmatrix}=(-1)^n(n+1)a_1a_2\cdots a_n.$$

例 1.14 设有方阵的行列式

$$|\boldsymbol{A}|=\begin{vmatrix} a_{11} & \cdots & a_{1m} & 0 & \cdots & 0 \\ \vdots & & \vdots & \vdots & & \vdots \\ a_{m1} & \cdots & a_{mm} & 0 & \cdots & 0 \\ c_{11} & \cdots & c_{1m} & b_{11} & \cdots & b_{1n} \\ \vdots & & \vdots & \vdots & & \vdots \\ c_{n1} & \cdots & c_{nm} & b_{n1} & \cdots & b_{nn} \end{vmatrix}.$$

记 $|\boldsymbol{A}_1|=\begin{vmatrix} a_{11} & a_{12} & \cdots & a_{1m} \\ a_{21} & a_{22} & \cdots & a_{2m} \\ \vdots & \vdots & & \vdots \\ a_{m1} & a_{m2} & \cdots & a_{mm} \end{vmatrix}$, $|\boldsymbol{A}_2|=\begin{vmatrix} b_{11} & b_{12} & \cdots & b_{1n} \\ b_{21} & b_{22} & \cdots & b_{2n} \\ \vdots & \vdots & & \vdots \\ b_{n1} & b_{n2} & \cdots & b_{nn} \end{vmatrix}$, 证明: $|\boldsymbol{A}|=|\boldsymbol{A}_1||\boldsymbol{A}_2|$.

证明 对 $|\boldsymbol{A}_1|$ 作运算 kr_i+r_j, 把 $|\boldsymbol{A}_1|$ 化为下三角行列式, 即

$$|\boldsymbol{A}_1|=\begin{vmatrix} p_{11} & 0 & \cdots & 0 \\ p_{21} & p_{22} & \cdots & 0 \\ \vdots & \vdots & & \vdots \\ p_{m1} & p_{m2} & \cdots & p_{mm} \end{vmatrix}=p_{11}p_{22}\cdots p_{mm};$$

对 $|\boldsymbol{A}_2|$ 作运算 kc_i+c_j, 把 $|\boldsymbol{A}_2|$ 化为下三角行列式, 即

$$|\boldsymbol{A}_2|=\begin{vmatrix} q_{11} & 0 & \cdots & 0 \\ q_{21} & q_{22} & \cdots & 0 \\ \vdots & \vdots & & \vdots \\ q_{n1} & q_{n2} & \cdots & q_{nn} \end{vmatrix}=q_{11}q_{22}\cdots q_{nn};$$

则对 $|\boldsymbol{A}|$ 的前 m 行作运算 kr_i+r_j, 再对后 n 列作运算 kc_i+c_j, 便把 $|\boldsymbol{A}|$ 化为下三角行列式, 即

$$|\boldsymbol{A}|=\begin{vmatrix} p_{11} & \cdots & 0 & 0 & \cdots & 0 \\ \vdots & & \vdots & \vdots & & \vdots \\ p_{m1} & \cdots & p_{mm} & 0 & \cdots & 0 \\ c_{11} & \cdots & c_{1m} & q_{11} & \cdots & 0 \\ \vdots & & \vdots & \vdots & & \vdots \\ c_{n1} & \cdots & c_{nm} & q_{n1} & \cdots & q_{nn} \end{vmatrix}.$$

所以, $|\boldsymbol{A}|=p_{11}p_{22}\cdots p_{mm}q_{11}q_{22}\cdots q_{nn}=|\boldsymbol{A}_1||\boldsymbol{A}_2|$. 例如,

$$\begin{aligned}|\boldsymbol{A}|&=\begin{vmatrix} 1 & 3 & 0 & 0 & 0 & 0 \\ 4 & 11 & 0 & 0 & 0 & 0 \\ 0 & 3 & 1 & 0 & 0 & 0 \\ 5 & 9 & 11 & 1 & 0 & 5 \\ 2 & 0 & -1 & -2 & 3 & 1 \\ 7 & 6 & 1 & 3 & 6 & 2 \end{vmatrix}\\
&=\begin{vmatrix} 1 & 3 & 0 \\ 4 & 11 & 0 \\ 0 & 3 & 1 \end{vmatrix}\times\begin{vmatrix} 1 & 0 & 5 \\ -2 & 3 & 1 \\ 3 & 6 & 2 \end{vmatrix}\\
&=\begin{vmatrix} 1 & 3 & 0 \\ 0 & -1 & 0 \\ 0 & 3 & 1 \end{vmatrix}\times\begin{vmatrix} 1 & 0 & 5 \\ 0 & 3 & 11 \\ 0 & 6 & -13 \end{vmatrix}\\
&=\begin{vmatrix} 1 & 3 & 0 \\ 0 & -1 & 0 \\ 0 & 0 & 1 \end{vmatrix}\times\begin{vmatrix} 1 & 0 & 5 \\ 0 & 3 & 11 \\ 0 & 0 & -35 \end{vmatrix}=105.\end{aligned}$$

1.3.4 行列式按行 (列) 展开

对于 3 阶行列式, 容易验证

$$\begin{vmatrix} a_{11} & a_{12} & a_{13} \\ a_{21} & a_{22} & a_{23} \\ a_{31} & a_{32} & a_{33} \end{vmatrix} = a_{11}\begin{vmatrix} a_{22} & a_{23} \\ a_{32} & a_{33} \end{vmatrix} - a_{12}\begin{vmatrix} a_{21} & a_{23} \\ a_{31} & a_{33} \end{vmatrix} + a_{13}\begin{vmatrix} a_{21} & a_{22} \\ a_{31} & a_{32} \end{vmatrix}.$$

可见, 一个 3 阶行列式可以转化为三个 2 阶行列式来计算. 那么, 一个 n 阶行列式是否可以转化为若干个 $n-1$ 阶行列式来计算?

定义 1.13 在 n 阶行列式中, 把元素 a_{ij} 所在的第 i 行和第 j 列划去后, 余下的 $n-1$ 阶行列式称为元素 a_{ij} 的**余子式**, 记为 M_{ij}. 称 $(-1)^{i+j}M_{ij}$ 为元素 a_{ij} 的**代数余子式**, 记为 $\boldsymbol{A}_{ij}$, 即 $\boldsymbol{A}_{ij}=(-1)^{i+j}M_{ij}$.

例如,

$$|\boldsymbol{A}| = \begin{vmatrix} a_{11} & a_{12} & a_{13} & a_{14} \\ a_{21} & a_{22} & a_{23} & a_{24} \\ a_{31} & a_{32} & a_{33} & a_{34} \\ a_{41} & a_{42} & a_{43} & a_{44} \end{vmatrix}, \quad M_{23} = \begin{vmatrix} a_{11} & a_{12} & a_{14} \\ a_{31} & a_{32} & a_{34} \\ a_{41} & a_{42} & a_{44} \end{vmatrix},$$

$$A_{23} = (-1)^{2+3}M_{23} = -M_{23}.$$

[注] 行列式的每个元素都分别对应着一个余子式和一个代数余子式, 且余子式和代数余子式与该元素所在的行和列的元素无关.

定理 3 行列式等于它的任一行 (列) 的各元素与其对应的代数余子式乘积之和, 即

$$|\boldsymbol{A}| = a_{i1}A_{i1} + a_{i2}A_{i2} + \cdots + a_{in}A_{in}, \quad i = 1, 2, \cdots, n.$$

证明 (先特殊, 再一般) 分三种情况讨论, 这里只针对行来证明.

(1) 假定行列式 $|\boldsymbol{A}|$ 的第一行除 a_{11} 外其余元素都为 0, 即

$$|\boldsymbol{A}| = \begin{vmatrix} a_{11} & 0 & \cdots & 0 \\ a_{21} & a_{22} & \cdots & a_{2n} \\ \vdots & \vdots & & \vdots \\ a_{n1} & a_{n2} & \cdots & a_{nn} \end{vmatrix}.$$

由例 1.14, 有

$$|\boldsymbol{A}| = a_{11}\begin{vmatrix} a_{22} & a_{23} & \cdots & a_{2n} \\ a_{32} & a_{33} & \cdots & a_{3n} \\ \vdots & \vdots & & \vdots \\ a_{n2} & a_{n3} & \cdots & a_{nn} \end{vmatrix} = a_{11}M_{11} = a_{11}(-1)^{1+1}M_{11} = a_{11}A_{11}.$$

(2) 设 $|\boldsymbol{A}|$ 的第 i 行除 a_{ij} 外其余元素都为 0, 即

$$|\boldsymbol{A}|=\begin{vmatrix} a_{11} & \cdots & a_{1j} & \cdots & a_{1n} \\ \vdots & & \vdots & & \vdots \\ 0 & \cdots & a_{ij} & \cdots & 0 \\ \vdots & & \vdots & & \vdots \\ a_{n1} & \cdots & a_{nj} & \cdots & a_{nn} \end{vmatrix}.$$

把 $|\boldsymbol{A}|$ 的第 i 行依次与第 $i-1$ 行, 第 $i-2$ 行, $\cdots\cdots$, 第一行交换; 再将第 j 列依次与第 $j-1$ 列, 第 $j-2$ 列, $\cdots\cdots$, 第一列交换. 这样, 共经过 $(i-1)+(j-1)=i+j-2$ 次交换行与交换列的步骤. 由性质 2, 得

$$\begin{aligned}|\boldsymbol{A}|&=(-1)^{i+j-2}\begin{vmatrix} a_{ij} & 0 & \cdots & 0 & 0 & \cdots & 0 \\ a_{1j} & a_{11} & \cdots & a_{1,j-1} & a_{1,j+1} & \cdots & a_{1n} \\ \vdots & \vdots & & \vdots & \vdots & & \vdots \\ a_{i-1,j} & a_{i-1,1} & \cdots & a_{i-1,j-1} & a_{i-1,j+1} & \cdots & a_{i-1,n} \\ a_{i+1,j} & a_{i+1,1} & \cdots & a_{i+1,j-1} & a_{i+1,j+1} & \cdots & a_{i+1,n} \\ \vdots & \vdots & & \vdots & \vdots & & \vdots \\ a_{nj} & a_{n1} & \cdots & a_{n,j-1} & a_{n,j+1} & \cdots & a_{nn} \end{vmatrix}\\ &=(-1)^{i+j}a_{ij}M_{ij}=a_{ij}A_{ij}.\end{aligned}$$

(3) 一般情形

$$\begin{aligned}|\boldsymbol{A}|&=\begin{vmatrix} a_{11} & a_{12} & \cdots & a_{1n} \\ \vdots & \vdots & & \vdots \\ a_{i1} & a_{i2} & \cdots & a_{in} \\ \vdots & \vdots & & \vdots \\ a_{n1} & a_{n2} & \cdots & a_{nn} \end{vmatrix}\\ &=\begin{vmatrix} a_{11} & a_{12} & \cdots & a_{1n} \\ \vdots & \vdots & & \vdots \\ a_{i1}+0+\cdots+0 & 0+a_{i2}+\cdots+0 & \cdots & 0+\cdots+0+a_{in} \\ \vdots & \vdots & & \vdots \\ a_{n1} & a_{n2} & \cdots & a_{nn} \end{vmatrix}\\ &=\begin{vmatrix} a_{11} & a_{12} & \cdots & a_{1n} \\ \vdots & \vdots & & \vdots \\ a_{i1} & 0 & \cdots & 0 \\ \vdots & \vdots & & \vdots \\ a_{n1} & a_{n2} & \cdots & a_{nn} \end{vmatrix}+\begin{vmatrix} a_{11} & a_{12} & \cdots & a_{1n} \\ \vdots & \vdots & & \vdots \\ 0 & a_{i2} & \cdots & 0 \\ \vdots & \vdots & & \vdots \\ a_{n1} & a_{n2} & \cdots & a_{nn} \end{vmatrix}\end{aligned}$$

$$+\cdots+\begin{vmatrix} a_{11} & a_{12} & \cdots & a_{1n} \\ \vdots & \vdots & & \vdots \\ 0 & 0 & \cdots & a_{in} \\ \vdots & \vdots & & \vdots \\ a_{n1} & a_{n2} & \cdots & a_{nn} \end{vmatrix}$$

$$= a_{i1}A_{i1} + a_{i2}A_{i2} + \cdots + a_{in}A_{in}, \quad i = 1, 2, \cdots, n,$$

即

$$|\boldsymbol{A}| = a_{i1}A_{i1} + a_{i2}A_{i2} + \cdots + a_{in}A_{in}, \quad i = 1, 2, \cdots, n.$$

例如, 行列式 $|\boldsymbol{A}| = \begin{vmatrix} -3 & -5 & 3 \\ 0 & -1 & 0 \\ 7 & 7 & 2 \end{vmatrix}$ 按第二行展开, 得

$$|\boldsymbol{A}| = -1 \times (-1)^{2+2} \begin{vmatrix} -3 & 3 \\ 7 & 2 \end{vmatrix} = 27.$$

定理 4 行列式任一行 (列) 的元素与另一行 (列) 的对应元素的代数余子式乘积之和等于零, 即

$$a_{i1}A_{j1} + a_{i2}A_{j2} + \cdots + a_{in}A_{jn} = 0, \quad i \neq j.$$

证明 在 $|\boldsymbol{A}| = \begin{vmatrix} a_{11} & a_{12} & \cdots & a_{1n} \\ \vdots & \vdots & & \vdots \\ a_{i1} & a_{i2} & \cdots & a_{in} \\ \vdots & \vdots & & \vdots \\ a_{j1} & a_{j2} & \cdots & a_{jn} \\ \vdots & \vdots & & \vdots \\ a_{n1} & a_{n2} & \cdots & a_{nn} \end{vmatrix}$ 中, 如果将第 j 行的元素换成第 i 行的对应元素, 其余行不变, 再按第 j 行展开. 由定理 3 及推论 1, 有

$$0 = \begin{vmatrix} a_{11} & a_{12} & \cdots & a_{1n} \\ \vdots & \vdots & & \vdots \\ a_{i1} & a_{i2} & \cdots & a_{in} \\ \vdots & \vdots & & \vdots \\ a_{i1} & a_{i2} & \cdots & a_{in} \\ \vdots & \vdots & & \vdots \\ a_{n1} & a_{n2} & \cdots & a_{nn} \end{vmatrix} = a_{i1}A_{j1} + a_{i2}A_{j2} + \cdots + a_{in}A_{jn},$$

即

$$a_{i1}A_{j1} + a_{i2}A_{j2} + \cdots + a_{in}A_{jn} = 0, \quad i \neq j.$$

综合定理 3 和定理 4, 得

$$a_{i1}A_{j1} + a_{i2}A_{j2} + \cdots + a_{in}A_{jn} = \begin{cases} |\boldsymbol{A}|, & i = j \\ 0, & i \neq j \end{cases} = |\boldsymbol{A}|\delta_{ij},$$

或

$$a_{1i}A_{1j} + a_{2i}A_{2j} + \cdots + a_{ni}A_{nj} = \begin{cases} |\boldsymbol{A}|, & i = j \\ 0, & i \neq j \end{cases} = |\boldsymbol{A}|\delta_{ij},$$

其中 $\delta_{ij} = \begin{cases} 1\,, & i = j \\ 0\,, & i \neq j \end{cases}$.

利用行列式按行 (列) 展开定理, 并结合行列式性质, 可简化行列式的计算. 计算行列式时, 可先用行列式的性质将某一行 (列) 化为仅含一个非零元素; 再按此行 (列) 展开, 变为低一阶的行列式来计算.

例如, 对前面的例 1.11 可利用按行 (列) 展开的性质来计算.

$$|\boldsymbol{A}| = \begin{vmatrix} 3 & 1 & -1 & 2 \\ -1 & -1 & 3 & -4 \\ 2 & 3 & 1 & -1 \\ 1 & 1 & 0 & 4 \end{vmatrix} \xlongequal{r_2 + r_4} \begin{vmatrix} 3 & 1 & -1 & 2 \\ 0 & 0 & 3 & 0 \\ 2 & 3 & 1 & -1 \\ 1 & 1 & 0 & 4 \end{vmatrix} = 3 \times (-1)^{2+3} \begin{vmatrix} 3 & 1 & 2 \\ 2 & 3 & -1 \\ 1 & 1 & 4 \end{vmatrix}$$

$$= -3 \times \begin{vmatrix} 0 & -2 & -10 \\ 0 & 1 & -9 \\ 1 & 1 & 4 \end{vmatrix} = -3 \times (-1)^{3+1} \begin{vmatrix} -2 & -10 \\ 1 & -9 \end{vmatrix} = -84.$$

例 1.15 设 $|\boldsymbol{A}| = \begin{vmatrix} 3 & 1 & -1 & 2 \\ -1 & -1 & 3 & -4 \\ 2 & 3 & 1 & -1 \\ 1 & 1 & 0 & 4 \end{vmatrix}$, 求 $A_{21} + A_{22} + A_{23} + A_{24}$, $M_{12} + M_{22} + M_{32} + M_{42}$.

解
$$A_{21} + A_{22} + A_{23} + A_{24} = \begin{vmatrix} 3 & 1 & -1 & 2 \\ 1 & 1 & 1 & 1 \\ 2 & 3 & 1 & -1 \\ 1 & 1 & 0 & 4 \end{vmatrix} = \begin{vmatrix} 2 & 1 & -2 & 1 \\ 0 & 1 & 0 & 0 \\ -1 & 3 & -2 & -4 \\ 0 & 1 & -1 & 3 \end{vmatrix}$$

$$= \begin{vmatrix} 2 & -2 & 1 \\ -1 & -2 & -4 \\ 0 & -1 & 3 \end{vmatrix} = \begin{vmatrix} 0 & -6 & -7 \\ -1 & -2 & -4 \\ 0 & -1 & 3 \end{vmatrix} = \begin{vmatrix} -6 & -7 \\ -1 & 3 \end{vmatrix}$$

$$= -25,$$

$$M_{12}+M_{22}+M_{32}+M_{42}=-(-1)^{1+2}M_{12}+(-1)^{2+2}M_{22}-(-1)^{3+2}M_{32}+(-1)^{4+2}M_{42}$$

$$=-A_{12}+A_{22}-A_{32}+A_{42}=\begin{vmatrix} 3 & -1 & -1 & 2 \\ -1 & 1 & 3 & -4 \\ 2 & -1 & 1 & -1 \\ 1 & 1 & 0 & 4 \end{vmatrix}$$

$$=\begin{vmatrix} 3 & -1 & -1 & 2 \\ 2 & 0 & 2 & -2 \\ -1 & 0 & 2 & -3 \\ 4 & 0 & -1 & 6 \end{vmatrix}$$

$$=(-1)\times(-1)^{1+2}\begin{vmatrix} 2 & 2 & -2 \\ -1 & 2 & -3 \\ 4 & -1 & 6 \end{vmatrix}$$

$$=\begin{vmatrix} 2 & 2 & -2 \\ -1 & 2 & -3 \\ 4 & -1 & 6 \end{vmatrix}=\begin{vmatrix} 2 & 0 & 0 \\ -1 & 3 & -4 \\ 4 & -5 & 10 \end{vmatrix}$$

$$=2\times(-1)^{1+1}\begin{vmatrix} 3 & -4 \\ -5 & 10 \end{vmatrix}=20.$$

例 1.16 证明范德蒙德 (Vandermonde) 行列式

$$|\boldsymbol{A}_n|=\begin{vmatrix} 1 & 1 & \cdots & 1 \\ x_1 & x_2 & \cdots & x_n \\ x_1^2 & x_2^2 & \cdots & x_n^2 \\ \vdots & \vdots & & \vdots \\ x_1^{n-1} & x_2^{n-1} & \cdots & x_n^{n-1} \end{vmatrix}=\prod_{n\geqslant i>j\geqslant 1}(x_i-x_j).$$

证明 用数学归纳法.

当 $n=2$ 时, $|A_2|=\begin{vmatrix} 1 & 1 \\ x_1 & x_2 \end{vmatrix}=x_2-x_1=\prod\limits_{2\geqslant i>j\geqslant 1}(x_i-x_j)$,

结论成立.

假设 $n-1$ 阶范德蒙德行列式成立, 现证 n 阶也成立. 将 $|\boldsymbol{A}_n|$ 中前一行乘以 $(-x_1)$ 加到后一行上, 再按第一列展开, 并把每一列的公因子 (x_i-x_1) 提出, 得

$$|\boldsymbol{A}_n| = \begin{vmatrix} 1 & 1 & \cdots & 1 \\ x_1 & x_2 & \cdots & x_n \\ x_1^2 & x_2^2 & \cdots & x_n^2 \\ \vdots & \vdots & & \vdots \\ x_1^{n-1} & x_2^{n-1} & \cdots & x_n^{n-1} \end{vmatrix}$$

$$= \begin{vmatrix} 1 & 1 & 1 & \cdots & 1 \\ 0 & x_2 - x_1 & x_3 - x_1 & \cdots & x_n - x_1 \\ 0 & x_2(x_2 - x_1) & x_3(x_3 - x_1) & \cdots & x_n(x_n - x_1) \\ \vdots & \vdots & \vdots & & \vdots \\ 0 & x_2^{n-2}(x_2 - x_1) & x_3^{n-2}(x_3 - x_1) & \cdots & x_n^{n-2}(x_n - x_1) \end{vmatrix}$$

$$= (x_2 - x_1)(x_3 - x_1)\cdots(x_n - x_1) \begin{vmatrix} 1 & 1 & \cdots & 1 \\ x_2 & x_3 & \cdots & x_n \\ \vdots & \vdots & & \vdots \\ x_2^{n-2} & x_3^{n-2} & \cdots & x_n^{n-2} \end{vmatrix}$$

$$= (x_2 - x_1)(x_3 - x_1)\cdots(x_n - x_1) \prod_{n \geqslant i > j \geqslant 2} (x_i - x_j)$$

$$= \prod_{n \geqslant i > j \geqslant 1} (x_i - x_j).$$

例如, 行列式

$$\begin{vmatrix} 1 & 1 & 1 & 1 \\ -2 & -1 & 2 & 3 \\ 4 & 1 & 4 & 9 \\ -8 & -1 & 8 & 27 \end{vmatrix} = (-1+2) \times (2+2) \times (3+2) \times (2+1) \times (3+1) \times (3-2) = 240.$$

*1.3.5 拉普拉斯定理

在 n 阶方阵的行列式 $|\boldsymbol{A}|$ 中, 任取 k 行 k 列, 位于这些行和列交叉位置上的 k^2 个元素, 按原来的顺序组成一个新的 k 阶行列式 M, 称其为 $|\boldsymbol{A}|$ 的一个 **k阶子式**. 在 $|\boldsymbol{A}|$ 中, 划去这 k 行 k 列, 余下元素按原来顺序构成一个 $n-k$ 阶行列式 N, 称其为 M 的**余子式**, $(-1)^{i_1+\cdots+i_k+j_1+\cdots+j_k}N$ 为 M 的**代数余子式**, 其中 $i_1, \cdots, i_k, j_1, \cdots, j_k$ 分别是 k 阶行列式 M 在 $|\boldsymbol{A}|$ 中的行标和列标.

定理 5 (拉普拉斯定理) 在 n 阶方阵的行列式 $|\boldsymbol{A}|$ 中, 任取 k 行 (列), 由这 k 行 (列) 组成的所有 k 阶行列式与它们对应的代数余子式之积求和等于 $|\boldsymbol{A}|$.

该定理不予证明.

* **例 1.17** 利用拉普拉斯定理求 $|\boldsymbol{A}|=\begin{vmatrix} 3 & 1 & 0 & 2 \\ -1 & -1 & 0 & -4 \\ 1 & 0 & 1 & -1 \\ 0 & 1 & 0 & 4 \end{vmatrix}$ 的值.

解 选第一、二行展开, 有

$$
\begin{aligned}
|\boldsymbol{A}|&=\begin{vmatrix} 3 & 1 & 0 & 2 \\ -1 & -1 & 0 & -4 \\ 1 & 0 & 1 & -1 \\ 0 & 1 & 0 & 4 \end{vmatrix}\\
&=\begin{vmatrix} 3 & 1 \\ -1 & -1 \end{vmatrix}\times(-1)^{1+2+1+2}\begin{vmatrix} 1 & -1 \\ 0 & 4 \end{vmatrix}+\begin{vmatrix} 3 & 2 \\ -1 & -4 \end{vmatrix}\\
&\quad\times(-1)^{1+2+1+4}\begin{vmatrix} 0 & 1 \\ 1 & 0 \end{vmatrix}+\begin{vmatrix} 1 & 2 \\ -1 & -4 \end{vmatrix}\times(-1)^{1+2+2+4}\begin{vmatrix} 1 & 1 \\ 0 & 0 \end{vmatrix}\\
&=(-2)\times 4+(-10)\times(-1)+(-2)\times 0=2.
\end{aligned}
$$

1.3.6 方阵的行列式的运算律

设 $\boldsymbol{A}, \boldsymbol{B}$ 都是 n 阶方阵, λ 为实数, 则

(1) $\left|\boldsymbol{A}^{\mathrm{T}}\right|=|\boldsymbol{A}|$; (2) $|\lambda \boldsymbol{A}|=\lambda^{n}|\boldsymbol{A}|$; (3) $|\boldsymbol{A}\boldsymbol{B}|=|\boldsymbol{A}||\boldsymbol{B}|$.

由矩阵的运算及行列式的性质不难证明 (1)、(2), 下面只证明 (3).

证明 设 $\boldsymbol{A}=(a_{ij})_{n\times n}, \boldsymbol{B}=(b_{ij})_{n\times n}$, 构造 $2n$ 阶行列式

$$
|\boldsymbol{D}|=\begin{vmatrix}
a_{11} & \cdots & a_{1n} & & & \\
\vdots & & \vdots & & \boldsymbol{O} & \\
a_{n1} & \cdots & a_{nn} & & & \\
-1 & & & b_{11} & \cdots & b_{1n} \\
 & \ddots & & \vdots & & \vdots \\
 & & -1 & b_{n1} & \cdots & b_{nn}
\end{vmatrix}=\begin{vmatrix} \boldsymbol{A} & \boldsymbol{O} \\ -\boldsymbol{E} & \boldsymbol{B} \end{vmatrix}.
$$

由例 1.14 得, $|\boldsymbol{D}|=|\boldsymbol{A}||\boldsymbol{B}|$. 另一方面, 在 $|\boldsymbol{D}|$ 中以 b_{1j} 乘以第一列, b_{2j} 乘以第二列, ……, b_{nj} 乘以第 n 列, 都加到第 $n+j$ 列上 $(j=1,2,\cdots,n)$, 有

$$
|\boldsymbol{D}|=\begin{vmatrix} \boldsymbol{A} & \boldsymbol{C} \\ -\boldsymbol{E} & \boldsymbol{O} \end{vmatrix},
$$

其中 $\boldsymbol{C}=(c_{ij})_{n\times n}$, $c_{ij}=a_{i1}b_{1j}+a_{i2}b_{2j}+\cdots+a_{in}b_{nj}$, 即 $\boldsymbol{C}=\boldsymbol{A}\boldsymbol{B}$.

再对 $|\boldsymbol{D}|$ 的行作 $r_i \leftrightarrow r_{n+i}\ (i=1,2,\cdots,n)$, 有

$$|\boldsymbol{D}| = (-1)^n \begin{vmatrix} -\boldsymbol{E} & \boldsymbol{O} \\ \boldsymbol{A} & \boldsymbol{C} \end{vmatrix}.$$

利用例 1.14, 得

$$|\boldsymbol{D}| = (-1)^n|-\boldsymbol{E}||\boldsymbol{C}| = (-1)^n(-1)^n|\boldsymbol{C}| = |\boldsymbol{C}| = |\boldsymbol{AB}|.$$

因此, $|\boldsymbol{AB}| = |\boldsymbol{A}|\,|\boldsymbol{B}|$.

设 $\boldsymbol{A},\boldsymbol{B}$ 都是 n 阶方阵, 尽管 $\boldsymbol{AB} \neq \boldsymbol{BA}$, 但 $|\boldsymbol{AB}| = |\boldsymbol{BA}|$.

定义 1.14 n 阶方阵 $\boldsymbol{A}$ 的行列式 $|\boldsymbol{A}|$ 的各个元素的代数余子式 A_{ij} 构成的如下矩阵:

$$\begin{pmatrix} A_{11} & A_{21} & \cdots & A_{n1} \\ A_{12} & A_{22} & \cdots & A_{n2} \\ \vdots & \vdots & & \vdots \\ A_{1n} & A_{2n} & \cdots & A_{nn} \end{pmatrix},$$

称为矩阵 $\boldsymbol{A}$ 的**伴随矩阵**, 记为 $\boldsymbol{A}^*$. 即

$$\boldsymbol{A}^* = \begin{pmatrix} A_{11} & A_{21} & \cdots & A_{n1} \\ A_{12} & A_{22} & \cdots & A_{n2} \\ \vdots & \vdots & & \vdots \\ A_{1n} & A_{2n} & \cdots & A_{nn} \end{pmatrix}.$$

例 1.18 证明 (伴随矩阵的性质)$\boldsymbol{AA}^* = \boldsymbol{A}^*\boldsymbol{A} = |\boldsymbol{A}|\,\boldsymbol{E}$.

证明 设 $\boldsymbol{A} = (a_{ij})_{n\times n}$, 记 $\boldsymbol{AA}^* = (c_{ij})_{n\times n}$, 由矩阵的乘法及定理 3 和定理 4, 有

$$c_{ij} = (a_{i1}, a_{i2}, \cdots, a_{in}) \begin{pmatrix} A_{j1} \\ A_{j2} \\ \vdots \\ A_{jn} \end{pmatrix} = a_{i1}A_{j1} + a_{i2}A_{j2} + \cdots + a_{in}A_{jn} = |\boldsymbol{A}|\,\delta_{ij},$$

因此

$$\boldsymbol{AA}^* = (|\boldsymbol{A}|\,\delta_{ij})_{n\times n} = |\boldsymbol{A}|\,(\delta_{ij})_{n\times n} = |\boldsymbol{A}|\,\boldsymbol{E},$$

同理可证

$$\boldsymbol{A}^*\boldsymbol{A} = (|\boldsymbol{A}|\,\delta_{ij})_{n\times n} = |\boldsymbol{A}|\,(\delta_{ij})_{n\times n} = |\boldsymbol{A}|\,\boldsymbol{E},$$

因此, $\boldsymbol{AA}^* = \boldsymbol{A}^*\boldsymbol{A} = |\boldsymbol{A}|\,\boldsymbol{E}$.

1.4 逆 矩 阵

1.4.1 逆矩阵的概念

在实数的运算中, 当实数 $a \neq 0$ 时, 有 $aa^{-1} = a^{-1}a = 1$, 其中 $a^{-1} = \dfrac{1}{a}$ 为 a 的倒数 (或称 a 的逆); 在矩阵的运算中, 单位矩阵 $\boldsymbol{E}$ 相当于实数的乘法运算中的 1. 那么, 对于矩阵 $\boldsymbol{A}$, 是否存在一个矩阵 $\boldsymbol{B}$, 使得 $\boldsymbol{AB} = \boldsymbol{BA} = \boldsymbol{E}$ 呢?

定义 1.15 设 $\boldsymbol{A}$ 为 n 阶方阵, 若存在 n 阶方阵 $\boldsymbol{B}$, 使得 $\boldsymbol{AB} = \boldsymbol{BA} = \boldsymbol{E}$, 则称矩阵 $\boldsymbol{A}$ 是**可逆的**, 称矩阵 $\boldsymbol{B}$ 为矩阵 $\boldsymbol{A}$ 的**逆矩阵**.

如果矩阵 $\boldsymbol{A}$ 可逆, 那么其逆矩阵是否唯一? 为此, 我们设矩阵 $\boldsymbol{B}, \boldsymbol{C}$ 都是矩阵 $\boldsymbol{A}$ 的逆矩阵, 由定义 1.15, 有

$$\boldsymbol{AB} = \boldsymbol{BA} = \boldsymbol{E}, \quad \boldsymbol{AC} = \boldsymbol{CA} = \boldsymbol{E},$$

因此

$$\boldsymbol{B} = \boldsymbol{BE} = \boldsymbol{B}(\boldsymbol{AC}) = (\boldsymbol{BA})\boldsymbol{C} = \boldsymbol{EC} = \boldsymbol{C}.$$

这说明, 如果矩阵 $\boldsymbol{A}$ 可逆, 其逆矩阵一定唯一, 记为 $\boldsymbol{A}^{-1}$.

定理 6 n 阶方阵 $\boldsymbol{A}$ 可逆的充分必要条件为 $|\boldsymbol{A}| \neq 0$, 且当矩阵 $\boldsymbol{A}$ 可逆时, $\boldsymbol{A}^{-1} = \dfrac{1}{|\boldsymbol{A}|}\boldsymbol{A}^*$. 其中, $\boldsymbol{A}^*$ 为矩阵 $\boldsymbol{A}$ 的伴随矩阵.

证明 先证必要性.

因矩阵 $\boldsymbol{A}$ 可逆, 由定义 1.15, 存在矩阵 $\boldsymbol{B}$, 使

$$\boldsymbol{AB} = \boldsymbol{BA} = \boldsymbol{E}.$$

对上式两边取行列式, 得

$$|\boldsymbol{AB}| = |\boldsymbol{A}|\,|\boldsymbol{B}| = 1.$$

因此, $|\boldsymbol{A}| \neq 0$.

再证充分性.

由例 1.18 有

$$\boldsymbol{AA}^* = \boldsymbol{A}^*\boldsymbol{A} = |\boldsymbol{A}|\,\boldsymbol{E},$$

当 $|\boldsymbol{A}| \neq 0$ 时, 有

$$\boldsymbol{A}\left(\frac{1}{|\boldsymbol{A}|}\boldsymbol{A}^*\right) = \left(\frac{1}{|\boldsymbol{A}|}\boldsymbol{A}^*\right)\boldsymbol{A} = \boldsymbol{E}.$$

由可逆矩阵的定义, 矩阵 $\boldsymbol{A}$ 可逆, 且 $\boldsymbol{A}^{-1} = \dfrac{1}{|\boldsymbol{A}|}\boldsymbol{A}^*$.

当 $|\boldsymbol{A}|=0$ 时, 称矩阵 $\boldsymbol{A}$ 为**奇异矩阵**, 否则称为**非奇异矩阵**. 因此, 可逆矩阵也称为非奇异矩阵.

由定理 6 有下面推论.

推论　设矩阵 $\boldsymbol{A},\boldsymbol{B}$ 都为 n 阶方阵, 如果 $\boldsymbol{AB}=\boldsymbol{E}$ 或 $\boldsymbol{BA}=\boldsymbol{E}$, 则矩阵 $\boldsymbol{A}$ 可逆, 且 $\boldsymbol{A}^{-1}=\boldsymbol{B}$.

证明　由 $\boldsymbol{AB}=\boldsymbol{E}$, 得

$$|\boldsymbol{AB}|=|\boldsymbol{A}|\,|\boldsymbol{B}|=1,$$

所以 $|\boldsymbol{A}|\neq 0$, 由定理 6 得矩阵 $\boldsymbol{A}$ 可逆, 且

$$\boldsymbol{B}=\boldsymbol{EB}=(\boldsymbol{A}^{-1}\boldsymbol{A})\boldsymbol{B}=\boldsymbol{A}^{-1}(\boldsymbol{AB})=\boldsymbol{A}^{-1}\boldsymbol{E}=\boldsymbol{A}^{-1}.$$

1.4.2　逆矩阵的性质

(1) 若 $\boldsymbol{A}$ 可逆, 则 $\boldsymbol{A}^{-1}$ 也可逆, 且 $(\boldsymbol{A}^{-1})^{-1}=\boldsymbol{A}$;

事实上, 由 $\boldsymbol{AA}^{-1}=\boldsymbol{E}$, 有 $(\boldsymbol{A}^{-1})^{-1}=\boldsymbol{A}$.

(2) 若 $\boldsymbol{A}$ 可逆, 数 $\lambda\neq 0$, 则 $\lambda\boldsymbol{A}$ 可逆, 且 $(\lambda\boldsymbol{A})^{-1}=\dfrac{1}{\lambda}\boldsymbol{A}^{-1}$;

证明　因 $(\lambda\boldsymbol{A})\left(\dfrac{1}{\lambda}\boldsymbol{A}^{-1}\right)=\boldsymbol{AA}^{-1}=\boldsymbol{E}$, 所以 $\lambda\boldsymbol{A}$ 可逆, 且 $(\lambda\boldsymbol{A})^{-1}=\dfrac{1}{\lambda}\boldsymbol{A}^{-1}$.

(3) 若 $\boldsymbol{A},\boldsymbol{B}$ 为同阶方阵且均可逆, 则 $\boldsymbol{AB}$ 也可逆, 且 $(\boldsymbol{AB})^{-1}=\boldsymbol{B}^{-1}\boldsymbol{A}^{-1}$;

事实上, 因 $(\boldsymbol{AB})\left(\boldsymbol{B}^{-1}\boldsymbol{A}^{-1}\right)=\boldsymbol{A}\left(\boldsymbol{BB}^{-1}\right)\boldsymbol{A}^{-1}=\boldsymbol{AEA}^{-1}=\boldsymbol{AA}^{-1}=\boldsymbol{E}$, 所以 $(\boldsymbol{AB})^{-1}=\boldsymbol{B}^{-1}\boldsymbol{A}^{-1}$.

推广　设 $\boldsymbol{A}_1,\boldsymbol{A}_2,\cdots,\boldsymbol{A}_m$ 都是 n 阶可逆矩阵, 则 $(\boldsymbol{A}_1\boldsymbol{A}_2\cdots\boldsymbol{A}_m)^{-1}=\boldsymbol{A}_m^{-1}\cdots\boldsymbol{A}_2^{-1}\boldsymbol{A}_1^{-1}$.

(4) 若 $\boldsymbol{A}$ 可逆, 则 $\boldsymbol{A}^{\mathrm{T}}$ 也可逆, 且 $\left(\boldsymbol{A}^{\mathrm{T}}\right)^{-1}=(\boldsymbol{A}^{-1})^{\mathrm{T}}$;

事实上, 因 $\boldsymbol{A}^{\mathrm{T}}\left(\boldsymbol{A}^{-1}\right)^{\mathrm{T}}=\left(\boldsymbol{A}^{-1}\boldsymbol{A}\right)^{\mathrm{T}}=\boldsymbol{E}^{\mathrm{T}}=\boldsymbol{E}$, 从而 $\left(\boldsymbol{A}^{\mathrm{T}}\right)^{-1}=\left(\boldsymbol{A}^{-1}\right)^{\mathrm{T}}$.

(5) 若 $\boldsymbol{A}$ 可逆, 则 $\left|\boldsymbol{A}^{-1}\right|=\dfrac{1}{|\boldsymbol{A}|}=|\boldsymbol{A}|^{-1}$.

证明　由 $\boldsymbol{AA}^{-1}=\boldsymbol{E}$, 得 $|\boldsymbol{A}|\left|\boldsymbol{A}^{-1}\right|=1$. 因此,$\left|\boldsymbol{A}^{-1}\right|=\dfrac{1}{|\boldsymbol{A}|}=|\boldsymbol{A}|^{-1}$.

当矩阵 $\boldsymbol{A}$ 可逆时, 定义

$$\boldsymbol{A}^0=\boldsymbol{E},\quad \boldsymbol{A}^{-k}=(\boldsymbol{A}^{-1})^k,$$

其中 k 为正整数. 这样, 当矩阵 $\boldsymbol{A}$ 可逆时, k,l 为整数时, 有

$$\boldsymbol{A}^k\boldsymbol{A}^l=\boldsymbol{A}^{k+l},\quad \left(\boldsymbol{A}^k\right)^l=\boldsymbol{A}^{kl}.$$

例 1.19　判断矩阵 $\boldsymbol{A}=\begin{pmatrix}1&2&3\\2&1&2\\1&3&3\end{pmatrix}$ 是否可逆? 若可逆, 求其逆矩阵.

解 因 $|\boldsymbol{A}|=\begin{vmatrix}1&2&3\\2&1&2\\1&3&3\end{vmatrix}=\begin{vmatrix}1&2&3\\0&-3&-4\\0&1&0\end{vmatrix}=\begin{vmatrix}-3&-4\\1&0\end{vmatrix}=4\neq 0$, 所以 $\boldsymbol{A}$ 可逆.

因 $A_{11}=(-1)^{1+1}\begin{vmatrix}1&2\\3&3\end{vmatrix}=-3, A_{12}=(-1)^{1+2}\begin{vmatrix}2&2\\1&3\end{vmatrix}=-4, A_{13}=(-1)^{1+3}\begin{vmatrix}2&1\\1&3\end{vmatrix}=5$, 同样计算 $A_{21}=3, A_{22}=0, A_{23}=-1, A_{31}=1, A_{32}=4, A_{33}=-3$. 所以

$$\boldsymbol{A}^{-1}=\frac{1}{|\boldsymbol{A}|}\boldsymbol{A}^*=\frac{1}{|\boldsymbol{A}|}\begin{pmatrix}A_{11}&A_{21}&A_{31}\\A_{12}&A_{22}&A_{32}\\A_{13}&A_{23}&A_{33}\end{pmatrix}=\frac{1}{4}\begin{pmatrix}-3&3&1\\-4&0&4\\5&-1&-3\end{pmatrix}.$$

例 1.20 解矩阵方程

$$\begin{pmatrix}1&2&3\\2&1&2\\1&3&3\end{pmatrix}\boldsymbol{X}\begin{pmatrix}2&1\\3&4\end{pmatrix}=\begin{pmatrix}1&2\\0&-1\\-1&1\end{pmatrix}.$$

解 设 $\boldsymbol{A}=\begin{pmatrix}1&2&3\\2&1&2\\1&3&3\end{pmatrix}, \boldsymbol{B}=\begin{pmatrix}2&1\\3&4\end{pmatrix}, \boldsymbol{C}=\begin{pmatrix}1&2\\0&-1\\-1&1\end{pmatrix}$.

由例 1.19 得

$$\boldsymbol{A}^{-1}=\frac{1}{4}\begin{pmatrix}-3&3&1\\-4&0&4\\5&-1&-3\end{pmatrix}.$$

又因 $|\boldsymbol{B}|=\begin{vmatrix}2&1\\3&4\end{vmatrix}=5\neq 0$, 所以矩阵 $\boldsymbol{B}$ 可逆, 且 $\boldsymbol{B}^{-1}=\frac{1}{|\boldsymbol{B}|}\boldsymbol{B}=\frac{1}{5}\begin{pmatrix}4&-1\\-3&2\end{pmatrix}$.

由 $\boldsymbol{AXB}=\boldsymbol{C}$, 得

$$\begin{aligned}\boldsymbol{X}&=\boldsymbol{A}^{-1}\boldsymbol{AXBB}^{-1}=\boldsymbol{A}^{-1}\boldsymbol{CB}^{-1}\\&=\frac{1}{20}\begin{pmatrix}-3&3&1\\-4&0&4\\5&-1&-3\end{pmatrix}\begin{pmatrix}1&2\\0&-1\\-1&1\end{pmatrix}\begin{pmatrix}4&-1\\-3&2\end{pmatrix}\\&=\frac{1}{20}\begin{pmatrix}-4&-8\\-8&-4\\8&8\end{pmatrix}\begin{pmatrix}4&-1\\-3&2\end{pmatrix}=\frac{1}{5}\begin{pmatrix}2&-3\\-5&0\\2&2\end{pmatrix}.\end{aligned}$$

例 1.21　设三阶矩阵 $\boldsymbol{A},\boldsymbol{B}$ 满足关系 $\boldsymbol{A}^{-1}\boldsymbol{B}\boldsymbol{A}=6\boldsymbol{A}+\boldsymbol{B}\boldsymbol{A}$, 且 $\boldsymbol{A}=\begin{pmatrix}\frac{1}{2}&0&0\\0&\frac{1}{4}&0\\0&0&\frac{1}{7}\end{pmatrix}$, 求 $\boldsymbol{B}$.

解　由 $\boldsymbol{A}^{-1}\boldsymbol{B}\boldsymbol{A}-\boldsymbol{B}\boldsymbol{A}=6\boldsymbol{A}$, 得

$$(\boldsymbol{A}^{-1}-\boldsymbol{E})\boldsymbol{B}\boldsymbol{A}=6\boldsymbol{A}.$$

因 $\boldsymbol{A}^{-1}=\begin{pmatrix}2&0&0\\0&4&0\\0&0&7\end{pmatrix}$, $\boldsymbol{A}^{-1}-\boldsymbol{E}=\begin{pmatrix}1&0&0\\0&3&0\\0&0&6\end{pmatrix}$, 所以

$$(\boldsymbol{A}^{-1}-\boldsymbol{E})^{-1}=\begin{pmatrix}1&0&0\\0&\frac{1}{3}&0\\0&0&\frac{1}{6}\end{pmatrix}.$$

在 $(\boldsymbol{A}^{-1}-\boldsymbol{E})\boldsymbol{B}\boldsymbol{A}=6\boldsymbol{A}$ 的两端同时右乘矩阵 $\boldsymbol{A}^{-1}$, 左乘矩阵 $(\boldsymbol{A}^{-1}-\boldsymbol{E})^{-1}$, 得

$$\boldsymbol{B}=6(\boldsymbol{A}^{-1}-\boldsymbol{E})^{-1}=6\begin{pmatrix}1&0&0\\0&\frac{1}{3}&0\\0&0&\frac{1}{6}\end{pmatrix}=\begin{pmatrix}6&0&0\\0&2&0\\0&0&1\end{pmatrix}.$$

[注]　$(\boldsymbol{A}+\boldsymbol{B})^{-1}\neq\boldsymbol{A}^{-1}+\boldsymbol{B}^{-1}$.

例 1.22　设方阵 $\boldsymbol{A}$ 满足方程 $\boldsymbol{A}^2-\boldsymbol{A}-2\boldsymbol{E}=\boldsymbol{O}$, 证明: $\boldsymbol{A}$, $\boldsymbol{A}+2\boldsymbol{E}$ 都可逆, 并求它们的逆矩阵.

证明　由 $\boldsymbol{A}^2-\boldsymbol{A}-2\boldsymbol{E}=\boldsymbol{O}$, 得

$$A(\boldsymbol{A}-\boldsymbol{E})=2\boldsymbol{E}, \text{即} \boldsymbol{A}\left(\frac{1}{2}(\boldsymbol{A}-\boldsymbol{E})\right)=\boldsymbol{E},$$

所以 $\boldsymbol{A}$ 可逆, 且 $\boldsymbol{A}^{-1}=\frac{1}{2}(\boldsymbol{A}-\boldsymbol{E})$.

同样, 由 $\boldsymbol{A}^2-\boldsymbol{A}-2\boldsymbol{E}=\boldsymbol{O}$, 得

$$(\boldsymbol{A}+2\boldsymbol{E})(\boldsymbol{A}-3\boldsymbol{E})+4\boldsymbol{E}=\boldsymbol{O},$$

即

$$(\boldsymbol{A}+2\boldsymbol{E})\left(-\frac{1}{4}(\boldsymbol{A}-3\boldsymbol{E})\right)=\boldsymbol{E},$$

所以 $\boldsymbol{A}+2\boldsymbol{E}$ 可逆, 且 $(\boldsymbol{A}+2\boldsymbol{E})^{-1}=-\frac{1}{4}(\boldsymbol{A}-3\boldsymbol{E})$.

例 1.23 设 n 阶方阵 $\boldsymbol{B}$ 满足 $\boldsymbol{B}^2=\boldsymbol{B}$, 称矩阵 $\boldsymbol{B}$ 为**幂等矩阵**. 记 $\boldsymbol{A}=\boldsymbol{E}+\boldsymbol{B}$. 证明: $\boldsymbol{A}$ 是可逆矩阵, 且 $\boldsymbol{A}^{-1}=\dfrac{1}{2}(3\boldsymbol{E}-\boldsymbol{A})$.

证明 因为

$$\begin{aligned}\boldsymbol{A}\cdot\frac{1}{2}(3\boldsymbol{E}-\boldsymbol{A})&=\frac{1}{2}(\boldsymbol{E}+\boldsymbol{B})(2\boldsymbol{E}-\boldsymbol{B})\\&=\frac{1}{2}(2\boldsymbol{E}-\boldsymbol{B}+2\boldsymbol{B}-\boldsymbol{B}^2)=\frac{1}{2}(2\boldsymbol{E}-\boldsymbol{B}+2\boldsymbol{B}-\boldsymbol{B})=\boldsymbol{E},\end{aligned}$$

所以 $\boldsymbol{A}$ 是可逆矩阵, 且 $\boldsymbol{A}^{-1}=\dfrac{1}{2}(3\boldsymbol{E}-\boldsymbol{A})$.

1.5 矩阵的分块

1.5.1 分块矩阵的概念

对于行数和列数较高的矩阵, 为了简化其运算, 经常采用分块法, 将大矩阵的运算化成小矩阵的运算. 具体做法是: 将矩阵用若干条纵线和横线将其分成许多个小矩阵, 每一个小矩阵称为矩阵的子块, 以子块为元素的形式上的矩阵称为**分块矩阵**.

例如, 将 4×4 矩阵

$$\boldsymbol{A}=\begin{pmatrix}a&1&0&0\\0&a&0&0\\1&0&b&1\\0&1&1&b\end{pmatrix}$$

分成子块的方法很多, 下面举出几个分块形式:

(1) $$\boldsymbol{A}=\left(\begin{array}{cccc}a&1&0&0\\\hdashline 0&a&0&0\\\hdashline 1&0&b&1\\\hdashline 0&1&1&b\end{array}\right)=\begin{pmatrix}\boldsymbol{B}_1\\\boldsymbol{B}_2\\\boldsymbol{B}_3\\\boldsymbol{B}_4\end{pmatrix},$$

这里, $\boldsymbol{B}_1=\begin{pmatrix}a&1&0&0\end{pmatrix}$, $\boldsymbol{B}_2=\begin{pmatrix}0&a&0&0\end{pmatrix}$, $\boldsymbol{B}_3=\begin{pmatrix}1&0&b&1\end{pmatrix}$, $\boldsymbol{B}_4=\begin{pmatrix}0&1&1&b\end{pmatrix}$;

(2) $$\boldsymbol{A}=\left(\begin{array}{cc:cc}a&1&0&0\\0&a&0&0\\\hdashline 1&0&b&1\\0&1&1&b\end{array}\right)=\begin{pmatrix}\boldsymbol{C}_1&\boldsymbol{C}_2\\\boldsymbol{C}_3&\boldsymbol{C}_4\end{pmatrix},$$

这里, $\boldsymbol{C}_1=\begin{pmatrix}a&1\\0&a\end{pmatrix}$, $\boldsymbol{C}_2=\begin{pmatrix}0&0\\0&0\end{pmatrix}$, $\boldsymbol{C}_3=\begin{pmatrix}1&0\\0&1\end{pmatrix}$, $\boldsymbol{C}_4=\begin{pmatrix}b&1\\1&b\end{pmatrix}$;

$$(3)\ \boldsymbol{A}=\left(\begin{array}{c:c:c:c} a & 1 & 0 & 0 \\ 0 & a & 0 & 0 \\ 1 & 0 & b & 1 \\ 0 & 1 & 1 & b \end{array}\right)=\begin{pmatrix}\boldsymbol{A}_1 & \boldsymbol{A}_2 & \boldsymbol{A}_3 & \boldsymbol{A}_4\end{pmatrix},$$

这里, $\boldsymbol{A}_1=\begin{pmatrix}a\\0\\1\\0\end{pmatrix}$, $\boldsymbol{A}_2=\begin{pmatrix}1\\a\\0\\1\end{pmatrix}$, $\boldsymbol{A}_3=\begin{pmatrix}0\\0\\b\\1\end{pmatrix}$, $\boldsymbol{A}_4=\begin{pmatrix}0\\0\\1\\b\end{pmatrix}$.

1.5.2　分块矩阵的运算

分块矩阵的运算与普通矩阵的运算规则类似.

1. 分块矩阵的加法

设矩阵 $\boldsymbol{A},\boldsymbol{B}$ 是同型矩阵, 采用相同的分块法, 有

$$\boldsymbol{A}=\begin{pmatrix}\boldsymbol{A}_{11} & \cdots & \boldsymbol{A}_{1r}\\ \vdots & & \vdots\\ \boldsymbol{A}_{s1} & \cdots & \boldsymbol{A}_{sr}\end{pmatrix},\quad \boldsymbol{B}=\begin{pmatrix}\boldsymbol{B}_{11} & \cdots & \boldsymbol{B}_{1r}\\ \vdots & & \vdots\\ \boldsymbol{B}_{s1} & \cdots & \boldsymbol{B}_{sr}\end{pmatrix},$$

其中, $\boldsymbol{A}_{ij}$ 与 $\boldsymbol{B}_{ij}$ 的行数相同, 列数也相同, 则

$$\boldsymbol{A}+\boldsymbol{B}=\begin{pmatrix}\boldsymbol{A}_{11}+\boldsymbol{B}_{11} & \cdots & \boldsymbol{A}_{1r}+\boldsymbol{B}_{1r}\\ \vdots & & \vdots\\ \boldsymbol{A}_{s1}+\boldsymbol{B}_{s1} & \cdots & \boldsymbol{A}_{sr}+\boldsymbol{B}_{sr}\end{pmatrix}.$$

两个同型矩阵的分块方法相同, 它们相加时, 只需把对应的子块相加.

2. 分块矩阵的数乘运算

设 $\boldsymbol{A}=\begin{pmatrix}\boldsymbol{A}_{11} & \cdots & \boldsymbol{A}_{1r}\\ \vdots & & \vdots\\ \boldsymbol{A}_{s1} & \cdots & \boldsymbol{A}_{sr}\end{pmatrix}$, λ 为数, 那么

$$\lambda\boldsymbol{A}=\begin{pmatrix}\lambda\boldsymbol{A}_{11} & \cdots & \lambda\boldsymbol{A}_{1r}\\ \vdots & & \vdots\\ \lambda\boldsymbol{A}_{s1} & \cdots & \lambda\boldsymbol{A}_{sr}\end{pmatrix}.$$

数乘分块矩阵时, 用数遍乘子块即可.

3. 分块矩阵的乘法

设 $\boldsymbol{A}$ 为 $m\times l$ 矩阵, $\boldsymbol{B}$ 为 $l\times n$ 矩阵, 分块成

$$\boldsymbol{A}=\begin{pmatrix}\boldsymbol{A}_{11} & \cdots & \boldsymbol{A}_{1t}\\ \vdots & & \vdots\\ \boldsymbol{A}_{s1} & \cdots & \boldsymbol{A}_{st}\end{pmatrix},\quad \boldsymbol{B}=\begin{pmatrix}\boldsymbol{B}_{11} & \cdots & \boldsymbol{B}_{1r}\\ \vdots & & \vdots\\ \boldsymbol{B}_{t1} & \cdots & \boldsymbol{B}_{tr}\end{pmatrix},$$

其中, $\boldsymbol{A}_{i1},\boldsymbol{A}_{i2},\cdots,\boldsymbol{A}_{it}$ 的列数分别等于 $\boldsymbol{B}_{1j},\boldsymbol{B}_{2j},\cdots,\boldsymbol{B}_{tj}$ 的行数, 那么

$$\boldsymbol{AB}=\begin{pmatrix}\boldsymbol{C}_{11} & \cdots & \boldsymbol{C}_{1r}\\ \vdots & & \vdots\\ \boldsymbol{C}_{s1} & \cdots & \boldsymbol{C}_{sr}\end{pmatrix},$$

其中, $\boldsymbol{C}_{ij}=\sum\limits_{k=1}^{t}\boldsymbol{A}_{ik}\boldsymbol{B}_{kj}\quad (i=1,\cdots,s;j=1,\cdots,r)$.

为了保证乘积的可行性, 对矩阵 $\boldsymbol{A}$ 的列的分法一定要与矩阵 $\boldsymbol{B}$ 的行的分法一致, 对 $\boldsymbol{A}$ 的行的分法和对 $\boldsymbol{B}$ 的列的分法可以任意. 两个分块矩阵的乘法, 以子块为元素, 按矩阵的乘法法则相乘.

4. 分块矩阵的转置

设 $\boldsymbol{A}=\begin{pmatrix}\boldsymbol{A}_{11} & \boldsymbol{A}_{12} & \cdots & \boldsymbol{A}_{1r}\\ \boldsymbol{A}_{21} & \boldsymbol{A}_{22} & \cdots & \boldsymbol{A}_{2r}\\ \vdots & \vdots & & \vdots\\ \boldsymbol{A}_{s1} & \boldsymbol{A}_{s2} & \cdots & \boldsymbol{A}_{sr}\end{pmatrix}$, 则

$$\boldsymbol{A}^{\mathrm{T}}=\begin{pmatrix}\boldsymbol{A}_{11}^{\mathrm{T}} & \boldsymbol{A}_{21}^{\mathrm{T}} & \cdots & \boldsymbol{A}_{s1}^{\mathrm{T}}\\ \boldsymbol{A}_{12}^{\mathrm{T}} & \boldsymbol{A}_{22}^{\mathrm{T}} & \cdots & \boldsymbol{A}_{s2}^{\mathrm{T}}\\ \vdots & \vdots & & \vdots\\ \boldsymbol{A}_{1r}^{\mathrm{T}} & \boldsymbol{A}_{2r}^{\mathrm{T}} & \cdots & \boldsymbol{A}_{sr}^{\mathrm{T}}\end{pmatrix}.$$

分块矩阵 $\boldsymbol{A}$ 的转置, 不仅要把分块矩阵的每一“行”变成同序号的“列”, 还要把矩阵 $\boldsymbol{A}$ 的每一子块取转置.

5. 分块对角矩阵

设矩阵 $\boldsymbol{A}$ 为方阵, 若 $\boldsymbol{A}$ 的分块矩阵只有在主对角线上有非零子块, 其余子块

都为零矩阵, 且非零子块都是方阵, 即

$$A = \begin{pmatrix} A_1 & & & \\ & A_2 & & \\ & & \ddots & \\ & & & A_s \end{pmatrix},$$

其中, $A_i\ (i = 1, 2, \cdots, s)$ 都是方阵, 那么称 A 为**分块对角矩阵**.

分块对角矩阵具有下述性质:

(1) $|A| = |A_1||A_2|\cdots|A_s|$;

(2) 若 $A_i\ (i = 1, 2, \cdots, s)$ 可逆, 则 A 也可逆, 且

$$A^{-1} = \begin{pmatrix} A_1^{-1} & & & \\ & A_2^{-1} & & \\ & & \ddots & \\ & & & A_s^{-1} \end{pmatrix}.$$

6. 分块对角矩阵乘法性质

$$\begin{pmatrix} A_1 & & & \\ & A_2 & & \\ & & \ddots & \\ & & & A_s \end{pmatrix} \begin{pmatrix} B_1 & & & \\ & B_2 & & \\ & & \ddots & \\ & & & B_s \end{pmatrix} = \begin{pmatrix} A_1B_1 & & & \\ & A_2B_2 & & \\ & & \ddots & \\ & & & A_sB_s \end{pmatrix}.$$

例 1.24　设 $A = \begin{pmatrix} 1 & 0 & 0 & 0 \\ 0 & 1 & 0 & 0 \\ -1 & 3 & 1 & 0 \\ -1 & 1 & 0 & 1 \end{pmatrix}, B = \begin{pmatrix} 1 & 0 & 1 & 0 \\ -1 & 2 & 0 & 1 \\ 1 & 0 & 2 & 1 \\ -1 & -1 & 1 & 0 \end{pmatrix}$, 求 AB.

解　把 A, B 分块成

$$A=\left(\begin{array}{cc:cc}1&0&0&0\\0&1&0&0\\\hdashline -1&3&1&0\\-1&1&0&1\end{array}\right)=\begin{pmatrix}E&O\\A_1&E\end{pmatrix},$$

$$B=\left(\begin{array}{cc:cc}1&0&1&0\\-1&2&0&1\\\hdashline 1&0&2&1\\-1&-1&1&0\end{array}\right)=\begin{pmatrix}B_{11}&E\\B_{21}&B_{22}\end{pmatrix},$$

则

$$AB=\begin{pmatrix}E&O\\A_1&E\end{pmatrix}\begin{pmatrix}B_{11}&E\\B_{21}&B_{22}\end{pmatrix}=\begin{pmatrix}B_{11}&E\\A_1B_{11}+B_{21}&A_1+B_{22}\end{pmatrix}.$$

而

$$A_1B_{11}+B_{21}=\begin{pmatrix}-1&3\\-1&1\end{pmatrix}\begin{pmatrix}1&0\\-1&2\end{pmatrix}+\begin{pmatrix}1&0\\-1&-1\end{pmatrix}=\begin{pmatrix}-3&6\\-3&1\end{pmatrix},$$

$$A_1+B_{22}=\begin{pmatrix}-1&3\\-1&1\end{pmatrix}+\begin{pmatrix}2&1\\1&0\end{pmatrix}=\begin{pmatrix}1&4\\0&1\end{pmatrix},$$

因此

$$AB=\begin{pmatrix}B_{11}&E\\A_1B_{11}+B_{21}&A_1+B_{22}\end{pmatrix}=\left(\begin{array}{cc:cc}1&0&1&0\\-1&2&0&1\\\hdashline -3&6&1&4\\-3&1&0&1\end{array}\right).$$

例 1.25 设 $A=\begin{pmatrix}1&3&0&0\\1&4&0&0\\0&0&2&4\\0&0&1&3\end{pmatrix}$, 求 A^{-1}.

解 $A=\left(\begin{array}{cc:cc}1&3&0&0\\1&4&0&0\\\hdashline 0&0&2&4\\0&0&1&3\end{array}\right)=\begin{pmatrix}A_1&O\\O&A_2\end{pmatrix},$

其中, $A_1=\begin{pmatrix}1&3\\1&4\end{pmatrix}$, $A_2=\begin{pmatrix}2&4\\1&3\end{pmatrix}$.

因为

$$A_1^{-1} = \frac{1}{|A_1|}A_1^* = \begin{pmatrix} 4 & -3 \\ -1 & 1 \end{pmatrix},$$

$$A_2^{-1} = \frac{1}{|A_2|}A_2^* = \frac{1}{2}\begin{pmatrix} 3 & -4 \\ -1 & 2 \end{pmatrix} = \begin{pmatrix} \frac{3}{2} & -2 \\ -\frac{1}{2} & 1 \end{pmatrix},$$

所以

$$A^{-1} = \begin{pmatrix} A_1^{-1} & O \\ O & A_2^{-1} \end{pmatrix} = \begin{pmatrix} 4 & -3 & 0 & 0 \\ -1 & 1 & 0 & 0 \\ 0 & 0 & \frac{3}{2} & -2 \\ 0 & 0 & -\frac{1}{2} & 1 \end{pmatrix}.$$

1.6 克拉默 (Cramer) 法则

矩阵是描述和求解线性方程组最基本和最有用的工具, 本节从线性方程组的矩阵表示出发, 通过矩阵方程的解得到克拉默法则.

1.6.1 线性方程组的矩阵表示

对于线性方程组

$$\begin{cases} a_{11}x_1 + a_{12}x_2 + \cdots + a_{1n}x_n = b_1, \\ a_{21}x_1 + a_{22}x_2 + \cdots + a_{2n}x_n = b_2, \\ \cdots\cdots \\ a_{m1}x_1 + a_{m2}x_2 + \cdots + a_{mn}x_n = b_m, \end{cases} \tag{1.4}$$

记

$$A = \begin{pmatrix} a_{11} & a_{12} & \cdots & a_{1n} \\ a_{21} & a_{22} & \cdots & a_{2n} \\ \vdots & \vdots & & \vdots \\ a_{m1} & a_{m2} & \cdots & a_{mn} \end{pmatrix}, \quad x = \begin{pmatrix} x_1 \\ x_2 \\ \vdots \\ x_n \end{pmatrix}, \quad b = \begin{pmatrix} b_1 \\ b_2 \\ \vdots \\ b_m \end{pmatrix}.$$

利用矩阵的乘法, 则线性方程组 (1.4) 可以表示为矩阵形式

$$Ax = b, \tag{1.5}$$

称矩阵 A 为线性方程组 (1.4) 的**系数矩阵**, 矩阵 $B = (A, b)$ 为线性方程组 (1.4) 的**增广矩阵**.

1.6.2 克拉默法则及其应用

在初等代数里面, 用消元法求解二元线性方程组

$$\begin{cases} a_{11}x_1 + a_{12}x_2 = b_1, \\ a_{21}x_1 + a_{22}x_2 = b_2. \end{cases}$$

由消元法, 当 $a_{11}a_{22} - a_{12}a_{21} \neq 0$ 时, 有

$$x_1 = \frac{b_1a_{22} - a_{12}b_2}{a_{11}a_{22} - a_{12}a_{21}}, \quad x_2 = \frac{a_{11}b_2 - b_1a_{21}}{a_{11}a_{22} - a_{12}a_{21}}.$$

记 $|\boldsymbol{A}| = \begin{vmatrix} a_{11} & a_{12} \\ a_{21} & a_{22} \end{vmatrix}$, $|\boldsymbol{A}_1| = \begin{vmatrix} b_1 & a_{12} \\ b_2 & a_{22} \end{vmatrix}$, $|\boldsymbol{A}_2| = \begin{vmatrix} a_{11} & b_1 \\ a_{21} & b_2 \end{vmatrix}$. 因此, 当 $|\boldsymbol{A}| \neq 0$ 时, 方程组有唯一解. 具体形式如下:

$$x_1 = \frac{|\boldsymbol{A}_1|}{|\boldsymbol{A}|}, \quad x_2 = \frac{|\boldsymbol{A}_2|}{|\boldsymbol{A}|}.$$

类似地, 对三元线性方程组

$$\begin{cases} a_{11}x_1 + a_{12}x_2 + a_{13}x_3 = b_1, \\ a_{21}x_1 + a_{22}x_2 + a_{23}x_3 = b_2, \\ a_{31}x_1 + a_{32}x_2 + a_{33}x_3 = b_3, \end{cases}$$

记 $|\boldsymbol{A}_1| = \begin{vmatrix} b_1 & a_{12} & a_{13} \\ b_2 & a_{22} & a_{23} \\ b_3 & a_{32} & a_{33} \end{vmatrix}$, $|\boldsymbol{A}_2| = \begin{vmatrix} a_{11} & b_1 & a_{13} \\ a_{21} & b_2 & a_{23} \\ a_{31} & b_3 & a_{33} \end{vmatrix}$, $|\boldsymbol{A}_3| = \begin{vmatrix} a_{11} & a_{12} & b_1 \\ a_{21} & a_{22} & b_2 \\ a_{31} & a_{32} & b_3 \end{vmatrix}$.

当 $|\boldsymbol{A}| \neq 0$ 时, 方程组也有唯一解: $x_1 = \dfrac{|\boldsymbol{A}_1|}{|\boldsymbol{A}|}$, $x_2 = \dfrac{|\boldsymbol{A}_2|}{|\boldsymbol{A}|}$, $x_3 = \dfrac{|\boldsymbol{A}_3|}{|\boldsymbol{A}|}$.

通过以上两种情况, 我们知道, 求解二、三元线性方程组时, 利用方阵的行列式计算比较方便, 并且当系数行列式 $|\boldsymbol{A}| \neq 0$ 时, 方程组有唯一解. 对于含有 n 个未知数、n 个方程的线性方程组, 也有类似的结果.

定理 7 (克拉默法则) 对含有 n 个未知数、n 个方程的线性方程组

$$\begin{cases} a_{11}x_1 + a_{12}x_2 + \cdots + a_{1n}x_n = b_1, \\ a_{21}x_1 + a_{22}x_2 + \cdots + a_{2n}x_n = b_2, \\ \cdots\cdots \\ a_{n1}x_1 + a_{n2}x_2 + \cdots + a_{nn}x_n = b_n. \end{cases}$$

如果系数矩阵的行列式 $|\boldsymbol{A}|$ 不等于零, 则方程组有唯一解. 并且

$$x_j = \frac{|\boldsymbol{A}_j|}{|\boldsymbol{A}|}, \quad j = 1, 2, \cdots, n,$$

其中

$$|\boldsymbol{A}_j| = \begin{vmatrix} a_{11} & \cdots & a_{1,j-1} & b_1 & a_{1,j+1} & \cdots & a_{1n} \\ a_{21} & \cdots & a_{2,j-1} & b_2 & a_{2,j+1} & \cdots & a_{2n} \\ \vdots & & \vdots & \vdots & \vdots & & \vdots \\ a_{n1} & \cdots & a_{n,j-1} & b_n & a_{n,j+1} & \cdots & a_{nn} \end{vmatrix}.$$

证明　因 $|\boldsymbol{A}| \neq 0$, 矩阵 $\boldsymbol{A}$ 可逆, 在 $\boldsymbol{A}\boldsymbol{x} = \boldsymbol{b}$ 的两边同时左乘 $\boldsymbol{A}^{-1}$, 得 $\boldsymbol{A}^{-1}\boldsymbol{A}\boldsymbol{x} = \boldsymbol{A}^{-1}\boldsymbol{b}$. 因此 $\boldsymbol{x} = \boldsymbol{A}^{-1}b$, 由逆矩阵的唯一性, 方程组 $\boldsymbol{A}\boldsymbol{x} = \boldsymbol{b}$ 有唯一解 $\boldsymbol{x} = \boldsymbol{A}^{-1}\boldsymbol{b}$. 并且

$$\boldsymbol{x} = \boldsymbol{A}^{-1}\boldsymbol{b} = \frac{1}{|\boldsymbol{A}|}\boldsymbol{A}^*\boldsymbol{b} = \frac{1}{|\boldsymbol{A}|}\begin{pmatrix} A_{11} & A_{21} & \cdots & A_{n1} \\ A_{12} & A_{22} & \cdots & A_{n2} \\ \vdots & \vdots & & \vdots \\ A_{1n} & A_{2n} & \cdots & A_{nn} \end{pmatrix}\begin{pmatrix} b_1 \\ b_2 \\ \vdots \\ b_n \end{pmatrix}$$

$$= \frac{1}{|\boldsymbol{A}|}\begin{pmatrix} b_1A_{11} + b_2A_{21} + \cdots + b_nA_{n1} \\ b_1A_{12} + b_2A_{22} + \cdots + b_nA_{n2} \\ \vdots \\ b_1A_{1n} + b_2A_{2n} + \cdots + b_nA_{nn} \end{pmatrix}.$$

由于

$$b_1A_{1j} + b_2A_{2j} + \cdots + b_nA_{nj} = \begin{vmatrix} a_{11} & \cdots & a_{1,j-1} & b_1 & a_{1,j+1} & \cdots & a_{1n} \\ a_{21} & \cdots & a_{2,j-1} & b_2 & a_{2,j+1} & \cdots & a_{2n} \\ \vdots & & \vdots & \vdots & \vdots & & \vdots \\ a_{n1} & \cdots & a_{n,j-1} & b_n & a_{n,j+1} & \cdots & a_{nn} \end{vmatrix} = |\boldsymbol{A}_j|,$$

因此

$$x_j = \frac{1}{|\boldsymbol{A}|}(b_1A_{1j} + b_2A_{2j} + \cdots + b_nA_{nj}) = \frac{|\boldsymbol{A}_j|}{|\boldsymbol{A}|}, \quad j = 1, 2, \cdots, n.$$

例 1.26　用克拉默法则解线性方程组

$$\begin{cases} -x_1 + x_2 + x_3 + x_4 = 4, \\ x_1 - x_2 + x_3 + x_4 = 2, \\ x_1 + x_2 - x_3 + x_4 = 10, \\ x_1 + x_2 + x_3 - x_4 = 0. \end{cases}$$

解 系数矩阵的行列式

$$|\boldsymbol{A}| = \begin{vmatrix} -1 & 1 & 1 & 1 \\ 1 & -1 & 1 & 1 \\ 1 & 1 & -1 & 1 \\ 1 & 1 & 1 & -1 \end{vmatrix} = -16 \neq 0,$$

$$|\boldsymbol{A}_1| = \begin{vmatrix} 4 & 1 & 1 & 1 \\ 2 & -1 & 1 & 1 \\ 10 & 1 & -1 & 1 \\ 0 & 1 & 1 & -1 \end{vmatrix} = -32, \quad |\boldsymbol{A}_2| = \begin{vmatrix} -1 & 4 & 1 & 1 \\ 1 & 2 & 1 & 1 \\ 1 & 10 & -1 & 1 \\ 1 & 0 & 1 & -1 \end{vmatrix} = -48,$$

$$|\boldsymbol{A}_3| = \begin{vmatrix} -1 & 1 & 4 & 1 \\ 1 & -1 & 2 & 1 \\ 1 & 1 & 10 & 1 \\ 1 & 1 & 0 & -1 \end{vmatrix} = 16, \quad |\boldsymbol{A}_4| = \begin{vmatrix} -1 & 1 & 1 & 4 \\ 1 & -1 & 1 & 2 \\ 1 & 1 & -1 & 10 \\ 1 & 1 & 1 & 0 \end{vmatrix} = -64,$$

所以

$$x_1 = \frac{|\boldsymbol{A}_1|}{|\boldsymbol{A}|} = 2, \quad x_2 = \frac{|\boldsymbol{A}_2|}{|\boldsymbol{A}|} = 3, \quad x_3 = \frac{|\boldsymbol{A}_3|}{|\boldsymbol{A}|} = -1, \quad x_4 = \frac{|\boldsymbol{A}_4|}{|\boldsymbol{A}|} = 4.$$

用克拉默法则求线性方程组的解, 往往计算量比较大, 尤其是当未知数的个数及方程的个数较多时, 更为明显. 本书将在下一章中介绍用矩阵的初等变换求解线性方程组.

由于克拉默法则给出了线性方程组解的存在性和唯一性, 在理论上有着很重要的价值. 从理论意义上, 克拉默法则可以用下面定理来叙述.

定理 8 如果含有 n 个未知数、n 个方程的线性方程组 $\boldsymbol{Ax} = \boldsymbol{b}$ 的系数矩阵的行列式 $|\boldsymbol{A}| \neq 0$, 则方程组 $\boldsymbol{Ax} = \boldsymbol{b}$ 一定有解, 且解是唯一的.

定理 8′ 如果含有 n 个未知数、n 个方程的线性方程组 $\boldsymbol{Ax} = \boldsymbol{b}$ 无解或者解不唯一, 则其系数矩阵的行列式一定等于 0.

对线性方程组 $\boldsymbol{Ax} = \boldsymbol{b}$, 若常数项 $\boldsymbol{b} = \begin{pmatrix} b_1 \\ b_2 \\ \vdots \\ b_n \end{pmatrix} \neq \begin{pmatrix} 0 \\ 0 \\ \vdots \\ 0 \end{pmatrix}$ $(b_1, b_2, \cdots, b_n$ 不全为零), 则称此方程组为**非齐次线性方程组**; 当 $\boldsymbol{b} = \begin{pmatrix} b_1 \\ b_2 \\ \vdots \\ b_n \end{pmatrix} = \begin{pmatrix} 0 \\ 0 \\ \vdots \\ 0 \end{pmatrix}$, 即 $b_1 =$

$b_2=\cdots=b_n=0$, 则称方程组为**齐次线性方程组**. 齐次线性方程组 $\boldsymbol{Ax}=\boldsymbol{0}$. 一定有解, 至少有一个解 $x_1=x_2=\cdots=x_n=0$, 称此解为齐次方程组的**零解**, 否则称为**非零解**. 由定理 8 及定理 8′, 有以下定理.

定理 9 如果含有 n 个未知数、n 个方程的齐次线性方程组 $\boldsymbol{Ax}=\boldsymbol{0}$ 的系数矩阵的行列式 $|\boldsymbol{A}|\neq 0$, 则齐次线性方程组 $\boldsymbol{Ax}=\boldsymbol{0}$ 只有零解.

定理 9′ 如果含有 n 个未知数、n 个方程的齐次线性方程组 $\boldsymbol{Ax}=\boldsymbol{0}$ 有非零解, 则它的系数矩阵的行列式 $|\boldsymbol{A}|=0$.

例 1.27 问 a,b,c 满足什么条件时, 齐次线性方程组

$$\begin{cases} ax_1-2x_2+x_3=0,\\ x_1+bx_2+2x_3=0,\\ x_1+cx_3=0 \end{cases}$$

有非零解?

解 因为

$$|\boldsymbol{A}|=\begin{vmatrix} a & -2 & 1\\ 1 & b & 2\\ 1 & 0 & c\end{vmatrix}=\begin{vmatrix} -2 & 1\\ b & 2\end{vmatrix}+c\begin{vmatrix} a & -2\\ 1 & b\end{vmatrix}=-4-b+abc+2c,$$

当 $|\boldsymbol{A}|=0$, 即 $-4-b+abc+2c=0$ 时, 齐次线性方程组有非零解.

例 1.28 设三次曲线 $y=a_0+a_1x+a_2x^2+a_3x^3$ 通过 4 个点 $(1,6),(-1,6),(2,6),(-2,-6)$. 试求系数 a_0,a_1,a_2,a_3.

解 将 4 个点的坐标代入曲线方程, 得

$$\begin{cases} a_0+a_1+a_2+a_3=6,\\ a_0+a_1(-1)+a_2(-1)^2+a_3(-1)^3=6,\\ a_0+a_1\cdot 2+a_2\cdot 2^2+a_3\cdot 2^3=6,\\ a_0+a_1(-2)+a_2(-2)^2+a_3(-2)^3=-6. \end{cases}$$

用克拉默法则求此方程组的解, 有 (考虑范德蒙德行列式)

$$|\boldsymbol{A}|=\begin{vmatrix} 1 & 1 & 1 & 1\\ 1 & -1 & (-1)^2 & (-1)^3\\ 1 & 2 & 2^2 & 2^3\\ 1 & -2 & (-2)^2 & (-2)^3\end{vmatrix}\overset{|\boldsymbol{A}|=|\boldsymbol{A}^{\mathrm{T}}|}{=}\begin{vmatrix} 1 & 1 & 1 & 1\\ 1 & -1 & 2 & -2\\ 1^2 & (-1)^2 & 2^2 & (-2)^2\\ 1^3 & (-1)^3 & 2^3 & (-2)^3\end{vmatrix}$$
$$=(-1-1)(2-1)(-2-1)(2+1)(-2+1)(-2-2)=72,$$

$$|\boldsymbol{A}_1|=\begin{vmatrix}6&1&1&1\\6&-1&1&-1\\6&2&4&8\\-6&-2&4&-8\end{vmatrix}=576,\quad |\boldsymbol{A}_2|=\begin{vmatrix}1&6&1&1\\1&6&1&-1\\1&6&4&8\\1&-6&4&-8\end{vmatrix}=-72,$$

$$|\boldsymbol{A}_3|=\begin{vmatrix}1&1&6&1\\1&-1&6&-1\\1&2&6&8\\1&-2&-6&-8\end{vmatrix}=-144,\quad |\boldsymbol{A}_4|=\begin{vmatrix}1&1&1&6\\1&-1&1&6\\1&2&4&6\\1&-2&4&-6\end{vmatrix}=72,$$

因此

$$a_0=\frac{|\boldsymbol{A}_1|}{|\boldsymbol{A}|}=8,\quad a_1=\frac{|\boldsymbol{A}_2|}{|\boldsymbol{A}|}=-1,\quad a_2=\frac{|\boldsymbol{A}_3|}{|\boldsymbol{A}|}=-2,\quad a_3=\frac{|\boldsymbol{A}_4|}{|\boldsymbol{A}|}=1.$$

习 题 1

1. 设 $\boldsymbol{A}=\begin{pmatrix}x&-6\\3-z&y\end{pmatrix}$, $\boldsymbol{B}=\begin{pmatrix}2&-6\\-2&1\end{pmatrix}$, 且 $\boldsymbol{A}=\boldsymbol{B}$, 求 x,y,z.

2. 设 $\boldsymbol{A}=\begin{pmatrix}1&2&-1\\-3&4&3\\0&0&1\end{pmatrix}$, $\boldsymbol{B}=\begin{pmatrix}1&0&4\\2&1&-3\\-3&-1&1\end{pmatrix}$, 求 $2\boldsymbol{A}-3\boldsymbol{B}$.

3. 设 $\boldsymbol{A}=\begin{pmatrix}2&-6\\3&-5\end{pmatrix}$, $\boldsymbol{B}=\begin{pmatrix}2&3\\-2&1\end{pmatrix}$, 问矩阵 $\boldsymbol{A},\boldsymbol{B}$ 是否可交换?

4. 计算下列各题.

(1) $\begin{pmatrix}1&3&5\end{pmatrix}\begin{pmatrix}1\\3\\5\end{pmatrix}$;　　(2) $\begin{pmatrix}1&0&0\\3&2&0\\0&0&1\end{pmatrix}\begin{pmatrix}1&2\\0&1\\2&3\end{pmatrix}$;

(3) $\begin{pmatrix}-1&2&3\\3&0&2\\4&5&1\end{pmatrix}\begin{pmatrix}1&0&4\\2&1&-3\\-3&-1&1\end{pmatrix}$.

5. 设 $\boldsymbol{A}=\begin{pmatrix}-4&3&0\\2&5&1\\0&-5&6\end{pmatrix}$, $\boldsymbol{B}=\begin{pmatrix}1&-2\\3&-1\\0&4\end{pmatrix}$, 求 $(\boldsymbol{AB})^{\mathrm{T}}$.

6. 计算下列各题.

(1) $\begin{pmatrix} 1 & 0 & 0 \\ 0 & 2 & 0 \\ 0 & 0 & 3 \end{pmatrix}^n$;　　　(2) $\begin{pmatrix} \lambda & 1 & 0 \\ 0 & \lambda & 1 \\ 0 & 0 & \lambda \end{pmatrix}^n$.

7. 设矩阵 $\boldsymbol{A},\boldsymbol{B}$ 都是 n 阶对称矩阵, 证明: $\boldsymbol{AB}$ 是对称矩阵的充分必要条件是 $\boldsymbol{AB}=\boldsymbol{BA}$.

8. 求下列全排列的逆序数.

(1) 4312;　(2) 36287145;　(3) $n(n-1)\cdots 321$.

9. 写出 5 阶行列式中含有因子 $a_{11}a_{34}a_{52}$ 的项.

10. 计算下列行列式.

(1) $\begin{vmatrix} 1 & 3 & 2 \\ 2 & 4 & 1 \\ -2 & 5 & 1 \end{vmatrix}$;　　　(2) $\begin{vmatrix} 1 & 1 & 1 & 1 \\ -1 & 1 & 1 & 1 \\ -1 & -1 & 1 & 1 \\ -1 & -1 & -1 & 1 \end{vmatrix}$;

(3) $\begin{vmatrix} 2 & 3 & -1 & 0 \\ 1 & -1 & -3 & 4 \\ 3 & 3 & 1 & -1 \\ 1 & -2 & 0 & 0 \end{vmatrix}$;　　　(4) $\begin{vmatrix} 1 & 1 & 1 & 1 \\ 2 & 3 & 4 & 5 \\ 2^2 & 3^2 & 4^2 & 5^2 \\ 2^3 & 3^3 & 4^3 & 5^3 \end{vmatrix}$.

11. 已知方阵 $\boldsymbol{A}$ 的行列式 $|\boldsymbol{A}|=\begin{vmatrix} 1 & -5 & 1 & 3 \\ 1 & 1 & 3 & 4 \\ 1 & 1 & 2 & 3 \\ 2 & 2 & 3 & 4 \end{vmatrix}$, 计算 $\boldsymbol{A}_{41}+A_{42}+A_{43}+A_{44}$, 其中 $\boldsymbol{A}_{ij}$ 是 $|\boldsymbol{A}|$ 中元素 a_{ij} 的代数余子式.

12. 计算下列 n 阶行列式.

(1) $\begin{vmatrix} a & b & 0 & \cdots & 0 & 0 \\ 0 & a & b & \cdots & 0 & 0 \\ \vdots & \vdots & \vdots & & \vdots & \vdots \\ 0 & 0 & 0 & \cdots & a & b \\ b & 0 & 0 & \cdots & 0 & a \end{vmatrix}$;　　　(2) $\begin{vmatrix} x & a & \cdots & a \\ a & x & \cdots & a \\ \vdots & \vdots & & \vdots \\ a & a & \cdots & x \end{vmatrix}$;

(3) $\begin{vmatrix} a_0 & a_1 & a_2 & \cdots & a_{n-2} & a_{n-1} \\ -x & x & 0 & \cdots & 0 & 0 \\ 0 & -x & x & \cdots & 0 & 0 \\ \vdots & \vdots & \vdots & & \vdots & \vdots \\ 0 & 0 & 0 & \cdots & -x & x \end{vmatrix}$;

(4) $\begin{vmatrix} 1+a_1 & 1 & 1 & \cdots & 1 \\ 1 & 1+a_2 & 1 & \cdots & 1 \\ 1 & 1 & 1+a_3 & \cdots & 1 \\ \vdots & \vdots & \vdots & & \vdots \\ 1 & 1 & 1 & \cdots & 1+a_n \end{vmatrix}$, 其中 $a_1a_2\cdots a_n \neq 0$.

13. 求下列矩阵的逆矩阵.

(1) $\begin{pmatrix} 2 & -6 \\ 3 & -5 \end{pmatrix}$; (2) $\begin{pmatrix} a_1 & 0 & \cdots & 0 \\ 0 & a_2 & \cdots & 0 \\ \vdots & \vdots & & \vdots \\ 0 & 0 & \cdots & a_n \end{pmatrix}$, 其中 $a_1a_2\cdots a_n \neq 0$;

(3) $\begin{pmatrix} 1 & 2 & -1 \\ 0 & 4 & 3 \\ 0 & 0 & 1 \end{pmatrix}$.

14. 解下列矩阵方程.

(1) $\begin{pmatrix} 1 & 3 \\ 3 & -5 \end{pmatrix}\boldsymbol{X} = \begin{pmatrix} 1 & 2 \\ 0 & 1 \end{pmatrix}$;

(2) $\begin{pmatrix} 0 & 1 & 0 \\ 1 & 0 & 0 \\ 0 & 0 & 1 \end{pmatrix}\boldsymbol{X}\begin{pmatrix} 1 & 0 & 0 \\ 0 & 0 & 1 \\ 0 & 1 & 0 \end{pmatrix} = \begin{pmatrix} 1 & 0 & 1 \\ 2 & 3 & 1 \\ 3 & 1 & 2 \end{pmatrix}$.

15. 设 n 阶方阵 $\boldsymbol{A}$ 满足 $\boldsymbol{A}^2 - 3\boldsymbol{A} - 2\boldsymbol{E} = \boldsymbol{O}$, 证明 $\boldsymbol{A}, \boldsymbol{A} + 2\boldsymbol{E}$ 都可逆, 并求它们的逆矩阵.

16. 设 $\boldsymbol{A}$ 为 3 阶矩阵, $\boldsymbol{A}^*$ 为 $\boldsymbol{A}$ 的伴随矩阵, 且 $|\boldsymbol{A}| = \dfrac{1}{2}$, 求 $\left|(2\boldsymbol{A})^{-1} - 7\boldsymbol{A}^*\right|$.

17. 若 $\boldsymbol{A}^k = \boldsymbol{O}$($k$ 为正整数), 求证: $(\boldsymbol{E} - \boldsymbol{A})^{-1} = \boldsymbol{E} + \boldsymbol{A} + \boldsymbol{A}^2 + \cdots + \boldsymbol{A}^{k-1}$.

18. 已知 3 阶矩阵 $\boldsymbol{A}$ 的逆矩阵为 $\boldsymbol{A}^{-1}=\begin{pmatrix}1&1&1\\1&2&1\\1&1&3\end{pmatrix}$, 试求伴随矩阵 $\boldsymbol{A}^{*}$ 的逆矩阵.

19. 用矩阵的分块, 求下列矩阵的逆矩阵.

(1) $\begin{pmatrix}1&0&0\\0&4&3\\0&0&1\end{pmatrix}$;　　(2) $\begin{pmatrix}1&2&0&0\\3&4&0&0\\0&0&5&6\\0&0&7&8\end{pmatrix}$.

20. 设 n 阶矩阵 $\boldsymbol{A}$ 和 s 阶矩阵 $\boldsymbol{B}$ 都可逆, 求 $\begin{pmatrix}\boldsymbol{O}&\boldsymbol{A}\\\boldsymbol{B}&\boldsymbol{O}\end{pmatrix}^{-1}$.

21. 设方阵 $\boldsymbol{A}$ 的行列式

$$|\boldsymbol{A}|=\begin{vmatrix}0&0&\cdots&0&1&0\\0&0&\cdots&\dfrac{1}{2}&0&0\\\vdots&\vdots&&\vdots&\vdots&\vdots\\\dfrac{1}{2001}&0&\cdots&0&0&0\\0&0&\cdots&0&0&\dfrac{1}{2002}\end{vmatrix},$$

求 $|\boldsymbol{A}|$ 中所有元素的代数余子式之和. (提示: 计算 $\boldsymbol{A}^{*}=|\boldsymbol{A}|\boldsymbol{A}^{-1}$)

22. 用克拉默法则, 解下列线性方程组.

(1) $\begin{cases}3x_1+7x_2=2,\\x_1+2x_2\ =1;\end{cases}$　　(2) $\begin{cases}2x_1+x_2-5x_3+x_4=8,\\x_1-3x_2-6x_4=9,\\2x_2-x_3+2x_4=-5,\\x_1+4x_2-7x_3+6x_4=0.\end{cases}$

23. 问 a 为何值时, 方程组

$$\begin{cases}ax_1+x_2+x_3=0,\\x_1+ax_2-x_3=0,\\2x_1-x_2-x_3=0\end{cases}$$

有非零解?

24. 问 a, b 取什么值时, 方程组

$$\begin{cases} ax_1 + x_2 + x_3 = 0, \\ x_1 + bx_2 + x_3 = 0, \\ x_1 + 2bx_2 + x_3 = 0 \end{cases}$$

有非零解?

第 2 章　矩阵的初等变换与线性方程组

本章首先引进矩阵的初等变换和初等矩阵, 建立矩阵秩的概念, 并利用初等变换讨论矩阵的秩的性质. 然后利用矩阵的秩讨论线性方程组有解 (唯一解、无穷多解) 和无解的充分必要条件, 并介绍用初等变换解线性方程组的方法.

2.1　矩阵的初等变换

矩阵的初等变换是矩阵的一种十分重要的运算, 它在解线性方程组, 求逆矩阵及矩阵理论的探讨中都起着重要的作用. 为引进矩阵的初等变换, 先来分析用消元法解线性方程组的例子.

引例　求解线性方程组

$$\begin{cases} 3x_1+2x_2-5x_3=11, \\ x_1+3x_2-2x_3=4, \\ x_1-4x_2-x_3=3, \\ -2x_1+x_2+3x_3=-7. \end{cases} \quad ①$$

解　将方程组①中第一、二个方程互换位置

$$\begin{cases} x_1+3x_2-2x_3=4, \\ 3x_1+2x_2-5x_3=11, \\ x_1-4x_2-x_3=3, \\ -2x_1+x_2+3x_3=-7. \end{cases} \quad ②$$

将方程组②中第一个方程的两边分别乘以 (-3), (-1), 2 加到第二、三、四个方程上, 消去这三个方程中的未知量 x_1, 得

$$\begin{cases} x_1+3x_2-2x_3=4, \\ -7x_2+x_3=-1, \\ -7x_2+x_3=-1, \\ 7x_2-x_3=1. \end{cases} \quad ③$$

将方程组③中第二个方程的两边乘以 (-1) 加到第三个方程上; 第二个方程加到第四个方程上, 方程组③变成

$$\begin{cases} x_1+3x_2-2x_3=4, \\ -7x_2+x_3=-1. \end{cases} \quad ④$$

将方程组④中第二个方程两边同乘以 $\left(-\dfrac{1}{7}\right)$, 得

$$\begin{cases} x_1 + 3x_2 - 2x_3 = 4, \\ \qquad x_2 - \dfrac{1}{7}x_3 = \dfrac{1}{7}. \end{cases} \qquad ⑤$$

将方程组⑤的第二个方程乘以 (-3) 加到第一个方程上, 得

$$\begin{cases} x_1 - \dfrac{11}{7}x_3 = \dfrac{25}{7}, \\ x_2 - \dfrac{1}{7}x_3 = \dfrac{1}{7}. \end{cases} \qquad ⑥$$

方程组⑥是三个未知数两个方程的方程组, 有一个自由变量, 可选 x_3 为自由未知变量. 令 $x_3 = c$, 得原方程组的解为

$$\begin{cases} x_1 = \dfrac{11}{7}c + \dfrac{25}{7}, \\ x_2 = \dfrac{1}{7}c + \dfrac{1}{7}, \\ x_3 = c, \end{cases} \quad c\text{ 为任意常数}. \qquad ⑦$$

在上述消元过程中, 始终把方程组看作一个整体, 着眼于整个方程组变成另一个方程组. 其中用到三种变换, 即①交换方程次序; ②以不等于 0 的数乘以某个方程; ③一个方程加上另一个方程的 k 倍. 由于这三种变换都是可逆的, 因此变换前的方程组与变换后的方程组具有同解性. 这三种变换都是方程组的同解变换, 所以最后求得的解⑦是方程组①的全部解.

在上述变换过程中, 实际上只是对各方程的系数和常数项进行运算. 例如, 消去某一个未知数, 就是将这个未知数的系数化为零.

因此, 若记方程组①的增广矩阵为

$$\boldsymbol{B} = (\boldsymbol{A}, \boldsymbol{b}) = \begin{pmatrix} 3 & 2 & -5 & 11 \\ 1 & 3 & -2 & 4 \\ 1 & -4 & -1 & 3 \\ -2 & 1 & 3 & -7 \end{pmatrix},$$

而消元正是对 $\boldsymbol{B}$ 进行相应的行变换.

定义 2.1 下面三种变换称为矩阵的初等行变换:

(1) 对调两行 (对调第 i, j 两行, 记作 $r_i \leftrightarrow r_j$);

(2) 以数 $k(\neq 0)$ 乘以某一行中的所有元素 (第 i 行乘以数 k, 记作 $r_i \times k$);

(3) 把某一行所有元素的 k 倍加到另一行对应的元素上 (第 j 行的 k 倍加到第 i 行上, 记作 $r_i + kr_j$).

把定义 2.1 中的 "行" 换成 "列" 即得矩阵的**初等列变换**(所用记号是把 "r" 换成 "c"). 矩阵的初等行变换与初等列变换统称为**初等变换**. 矩阵的初等变换都是可逆的, 上述三种初等行变换的逆变换分别为 $r_j \leftrightarrow r_i$, $r_i \times \dfrac{1}{k}$, $r_i + (-k)r_j$.

如果矩阵 $\boldsymbol{A}$ 经有限次初等行变换变成矩阵 $\boldsymbol{B}$, 则称**矩阵 $\boldsymbol{A}$ 与 $\boldsymbol{B}$ 行等价**, 记作 $\boldsymbol{A} \overset{r}{\sim} \boldsymbol{B}$; 如果矩阵 $\boldsymbol{A}$ 经有限次初等列变换变成矩阵 $\boldsymbol{B}$, 则称**矩阵 $\boldsymbol{A}$ 与 $\boldsymbol{B}$ 列等价**, 记作 $\boldsymbol{A} \overset{c}{\sim} \boldsymbol{B}$; 如果矩阵 $\boldsymbol{A}$ 经有限次初等变换变成矩阵 $\boldsymbol{B}$, 称**矩阵 $\boldsymbol{A}$ 与 $\boldsymbol{B}$ 等价**, 记作 $\boldsymbol{A} \sim \boldsymbol{B}$.

矩阵之间的等价关系具有下列性质:

(1) **反身性**: $\boldsymbol{A} \sim \boldsymbol{A}$;

(2) **对称性**: 若 $\boldsymbol{A} \sim \boldsymbol{B}$, 则 $\boldsymbol{B} \sim \boldsymbol{A}$;

(3) **传递性**: 若 $\boldsymbol{A} \sim \boldsymbol{B}$, $\boldsymbol{B} \sim \boldsymbol{C}$, 则 $\boldsymbol{A} \sim \boldsymbol{C}$.

下面用矩阵的初等行变换来解方程组①, 其过程可与方程组①的消元过程相对应.

$$\boldsymbol{B} = \begin{pmatrix} 3 & 2 & -5 & 11 \\ 1 & 3 & -2 & 4 \\ 1 & -4 & -1 & 3 \\ -2 & 1 & 3 & -7 \end{pmatrix} \xrightarrow{r_1 \leftrightarrow r_2} \begin{pmatrix} 1 & 3 & -2 & 4 \\ 3 & 2 & -5 & 11 \\ 1 & -4 & -1 & 3 \\ -2 & 1 & 3 & -7 \end{pmatrix}$$

$$\xrightarrow[\substack{r_3+(-1)r_1 \\ r_4+2r_1}]{r_2+(-3)r_1} \begin{pmatrix} 1 & 3 & -2 & 4 \\ 0 & -7 & 1 & -1 \\ 0 & -7 & 1 & -1 \\ 0 & 7 & -1 & 1 \end{pmatrix} \xrightarrow[r_4+r_2]{r_3+(-1)r_2} \begin{pmatrix} 1 & 3 & -2 & 4 \\ 0 & -7 & 1 & -1 \\ 0 & 0 & 0 & 0 \\ 0 & 0 & 0 & 0 \end{pmatrix}$$

$$\xrightarrow{r_2 \times \left(-\frac{1}{7}\right)} \begin{pmatrix} 1 & 3 & -2 & 4 \\ 0 & 1 & -\dfrac{1}{7} & \dfrac{1}{7} \\ 0 & 0 & 0 & 0 \\ 0 & 0 & 0 & 0 \end{pmatrix} \xrightarrow{r_1+(-3)r_2} \begin{pmatrix} 1 & 0 & -\dfrac{11}{7} & \dfrac{25}{7} \\ 0 & 1 & -\dfrac{1}{7} & \dfrac{1}{7} \\ 0 & 0 & 0 & 0 \\ 0 & 0 & 0 & 0 \end{pmatrix}.$$

由此得线性方程组①的同解方程组

$$\begin{cases} x_1 = \dfrac{11}{7}x_3 + \dfrac{25}{7}, \\ x_2 = \dfrac{1}{7}x_3 + \dfrac{1}{7}. \end{cases}$$

令 $x_3=c$, 得

$$\begin{cases} x_1=\dfrac{11}{7}c+\dfrac{25}{7}, \\ x_2=\dfrac{1}{7}c+\dfrac{1}{7}, \\ x_3=c, \end{cases}$$

其中 c 为任意实数.

上述矩阵中 $\begin{pmatrix} 1 & 3 & -2 & 4 \\ 0 & -7 & 1 & -1 \\ 0 & 0 & 0 & 0 \\ 0 & 0 & 0 & 0 \end{pmatrix}$ 或 $\begin{pmatrix} 1 & 3 & -2 & 4 \\ 0 & 1 & -\dfrac{1}{7} & -\dfrac{1}{7} \\ 0 & 0 & 0 & 0 \\ 0 & 0 & 0 & 0 \end{pmatrix}$ 称为**行阶梯形矩阵**. 其特点是: 可画出一条阶梯线, 线的下方全为零, 每个阶梯只有一行, 阶梯数即是非零行的行数, 非零行的首位元素是非零数.

而 $\begin{pmatrix} 1 & 0 & -\dfrac{11}{7} & \dfrac{25}{7} \\ 0 & 1 & -\dfrac{1}{7} & \dfrac{1}{7} \\ 0 & 0 & 0 & 0 \\ 0 & 0 & 0 & 0 \end{pmatrix}$ 称为**行最简形矩阵**. 其特点是: 在阶梯形矩阵中非零行的首位元素为 1, 且其所在列其他元素全为零.

对任一矩阵 $\boldsymbol{A}_{m\times n}$, 总可以经过有限次初等行变换把它变为行阶梯形矩阵和行最简形矩阵. 由引例可知, 要解线性方程组只需把线性方程组的增广矩阵化为行最简形矩阵.

对行最简形矩阵再施以初等列变换, 可变成一种形状更简单的矩阵, 如

$$\boldsymbol{B}\longrightarrow\begin{pmatrix} 1 & 0 & -\dfrac{11}{7} & \dfrac{25}{7} \\ 0 & 1 & -\dfrac{1}{7} & \dfrac{1}{7} \\ 0 & 0 & 0 & 0 \\ 0 & 0 & 0 & 0 \end{pmatrix}\longrightarrow\begin{pmatrix} 1 & 0 & 0 & 0 \\ 0 & 1 & 0 & 0 \\ 0 & 0 & 0 & 0 \\ 0 & 0 & 0 & 0 \end{pmatrix}=\boldsymbol{F}.$$

矩阵 $\boldsymbol{F}$ 称为 $\boldsymbol{B}$ 的**标准形**. 其特点是: $\boldsymbol{F}$ 的左上角是一个单位阵, 其余元素全为零. 一般地, 对于 $m\times n$ 矩阵 $\boldsymbol{A}_{m\times n}$, 总可以经过初等变换把它化为标准形 $\boldsymbol{F}=\begin{pmatrix} \boldsymbol{E}_r & \boldsymbol{O} \\ \boldsymbol{O} & \boldsymbol{O} \end{pmatrix}_{m\times n}$. 此标准形由 m,n,r 三个数完全确定, 其中 r 就是行阶梯形矩阵中非零行的行数. 所有与 $\boldsymbol{A}_{m\times n}$ 等价的矩阵组成的一个集合称为一个**等价类**, 标准形 $\boldsymbol{F}$ 便是这个等价类中形状最简单的矩阵.

2.2　初等矩阵

定义 2.2　对单位矩阵 $\boldsymbol{E}$ 施行一次初等变换得到的矩阵称为**初等矩阵**.

三种初等变换对应着三种初等矩阵.

1. 对调两行或两列

将单位矩阵 $\boldsymbol{E}$ 的第 i 行 (列) 与第 j 行 (列) 互换, 记为 $\boldsymbol{E}(i,j)$, 即

$$\boldsymbol{E}(i,j)=\begin{pmatrix} 1 & & & & & & \\ & \ddots & & & & & \\ & & 0 & \cdots & 1 & & \\ & & \vdots & & \vdots & & \\ & & 1 & \cdots & 0 & & \\ & & & & & \ddots & \\ & & & & & & 0 \end{pmatrix}.$$

设矩阵 $\boldsymbol{A}$ 是 $m\times n$ 矩阵, 可以验证：以一 m 阶初等矩阵 $\boldsymbol{E}_m(i,j)$ 左乘矩阵 $\boldsymbol{A}$ 其结果相当于对矩阵 $\boldsymbol{A}$ 施行第一种初等行变换 $(r_i\leftrightarrow r_j)$, 以一 n 阶初等矩阵 $\boldsymbol{E}_n(i,j)$ 右乘矩阵 $\boldsymbol{A}$ 其结果相当于对矩阵 $\boldsymbol{A}$ 施行第一种初等列变换 $(c_i\leftrightarrow c_j)$.

2. 以数 $k(\neq 0)$ 乘以某行或某列

将单位矩阵 $\boldsymbol{E}$ 的第 i 行 (列) 乘以数 k, 记为 $\boldsymbol{E}(i(k))$, 即

$$\boldsymbol{E}(i(k))=\begin{pmatrix} 1 & & & & \\ & \ddots & & & \\ & & k & & \\ & & & \ddots & \\ & & & & 1 \end{pmatrix}.$$

可以验证：以 $\boldsymbol{E}_m(i(k))$ 左乘矩阵 $\boldsymbol{A}$, 其结果相当于以数 k 乘以 $\boldsymbol{A}$ 的第 i 行 $(r_i\times k)$; 以 $\boldsymbol{E}_n(i(k))$ 右乘矩阵 $\boldsymbol{A}$, 其结果相当于以数 k 乘以 $\boldsymbol{A}$ 的第 i 列 $(c_i\times k)$.

3. 以数 k 乘以某行 (列) 加到另一行 (列) 上

以数 k 乘以单位矩阵 $\boldsymbol{E}$ 的第 j 行加到其第 i 行上, 记为 $\boldsymbol{E}(ij(k))$, 即

$$
\boldsymbol{E}(ij(k))=\begin{pmatrix}
1 & & & & & & \\
 & \ddots & & & & & \\
 & & 1 & \cdots & k & & \\
 & & & \ddots & \vdots & & \\
 & & & & 1 & & \\
 & & & & & \ddots & \\
 & & & & & & 1
\end{pmatrix}.
$$

可以验证：以 $\boldsymbol{E}_m(ij(k))$ 左乘矩阵 $\boldsymbol{A}$, 其结果相当于把 $\boldsymbol{A}$ 的第 j 行乘以 k 加到第 i 行上 (r_i+kr_j); 以 $\boldsymbol{E}_n(ij(k))$ 右乘矩阵 $\boldsymbol{A}$, 其结果相当于把 $\boldsymbol{A}$ 的第 i 列乘以 k 加到第 j 列上 (c_j+kc_i).

综上所述, 可得下述定理:

定理 1 设 $\boldsymbol{A}$ 是一个 $m\times n$ 矩阵, 对 $\boldsymbol{A}$ 施行一次初等行变换, 相当于在 $\boldsymbol{A}$ 的左边乘以相应的 m 阶初等矩阵; 对 $\boldsymbol{A}$ 施行一次初等列变换相当于在 $\boldsymbol{A}$ 的右边乘以相应的 n 阶初等矩阵.

由初等变换的可逆性知, 初等矩阵都是可逆的, 且其逆矩阵是同类型的初等矩阵.

$$
\boldsymbol{E}(i,j)^{-1}=\boldsymbol{E}(i,j),\quad \boldsymbol{E}(i(k))^{-1}=\boldsymbol{E}\left(i\left(\frac{1}{k}\right)\right),\quad \boldsymbol{E}(ij(k))^{-1}=\boldsymbol{E}(ij(-k)).
$$

定理 2 方阵 $\boldsymbol{A}$ 可逆的充分必要条件是存在有限个初等矩阵 $\boldsymbol{P}_1,\boldsymbol{P}_2,\cdots,\boldsymbol{P}_l$, 使 $\boldsymbol{A}=\boldsymbol{P}_1\boldsymbol{P}_2\cdots\boldsymbol{P}_l$.

证明 (充分性) 因初等矩阵都是可逆矩阵, 从而矩阵 $\boldsymbol{A}=\boldsymbol{P}_1\boldsymbol{P}_2\cdots\boldsymbol{P}_l$ 也可逆.

(必要性) 对 n 阶方阵 $\boldsymbol{A}$ 总可以施行初等变换将其化成标准形 $\boldsymbol{F}=\begin{pmatrix}\boldsymbol{E}_r & \boldsymbol{O}\\ \boldsymbol{O} & \boldsymbol{O}\end{pmatrix}$, 再加上初等变换都是可逆的, 其逆变换仍是初等变换. 因此, 对 $\boldsymbol{F}=\begin{pmatrix}\boldsymbol{E}_r & \boldsymbol{O}\\ \boldsymbol{O} & \boldsymbol{O}\end{pmatrix}$ 总可施行初等变换将其变成矩阵 $\boldsymbol{A}$. 由定理 1, 存在 l 个 n 阶初等矩阵 $\boldsymbol{P}_1, \boldsymbol{P}_2, \cdots, \boldsymbol{P}_l$, 使

$$
\boldsymbol{A}=\boldsymbol{P}_1\boldsymbol{P}_2\cdots\boldsymbol{P}_s\begin{pmatrix}\boldsymbol{E}_r & \boldsymbol{O}\\ \boldsymbol{O} & \boldsymbol{O}\end{pmatrix}\boldsymbol{P}_{s+1}\cdots\boldsymbol{P}_l.
$$

若 $r<n$, 则 $|\boldsymbol{A}|=|\boldsymbol{P}_1||\boldsymbol{P}_2|\cdots|\boldsymbol{P}_s|\begin{vmatrix}\boldsymbol{E}_r & \boldsymbol{O}\\ \boldsymbol{O} & \boldsymbol{O}\end{vmatrix}|\boldsymbol{P}_{s+1}|\cdots|\boldsymbol{P}_l|=0$, 这与矩阵

$\boldsymbol{A}$ 可逆矛盾. 因此 $r=n$, 即$\boldsymbol{F}=\begin{pmatrix}\boldsymbol{E}_r & \boldsymbol{O}\\ \boldsymbol{O} & \boldsymbol{O}\end{pmatrix}=\boldsymbol{E}_n$, 这样便有 $\boldsymbol{A}=\boldsymbol{P}_1\boldsymbol{P}_2\cdots\boldsymbol{P}_s\boldsymbol{E}\boldsymbol{P}_{s+1}\cdots\boldsymbol{P}_l=\boldsymbol{P}_1\boldsymbol{P}_2\cdots\boldsymbol{P}_l$.

推论 1　方阵 $\boldsymbol{A}$ 可逆的充分必要条件是 $\boldsymbol{A}\overset{r}{\sim}\boldsymbol{E}$.

证明　$\boldsymbol{A}$ 可逆 $\Leftrightarrow$ $\boldsymbol{A}$ 为有限个初等矩阵的乘积, 即 $\boldsymbol{A}=\boldsymbol{P}_1\boldsymbol{P}_2\cdots\boldsymbol{P}_l$, 也即 $\boldsymbol{A}=\boldsymbol{P}_1\boldsymbol{P}_2\cdots\boldsymbol{P}_l\boldsymbol{E}$.

上式表明 $\boldsymbol{E}$ 经过有限次初等行变换可变为 $\boldsymbol{A}$, 即 $\boldsymbol{A}\overset{r}{\sim}\boldsymbol{E}$.

推论 2　设 $\boldsymbol{A},\boldsymbol{B}$ 都是 $m\times n$ 矩阵, 矩阵 $\boldsymbol{A}$ 与 $\boldsymbol{B}$ 等价的充分必要条件是存在 m 阶可逆矩阵 $\boldsymbol{P}$ 及 n 阶可逆矩阵 $\boldsymbol{Q}$, 使 $\boldsymbol{PAQ}=\boldsymbol{B}$.

设有 n 阶矩阵 $\boldsymbol{A}$ 及 $n\times s$ 矩阵 $\boldsymbol{B}$, 求矩阵 $\boldsymbol{X}$, 使 $\boldsymbol{AX}=\boldsymbol{B}$. 如果 $\boldsymbol{A}$ 可逆, 则 $\boldsymbol{X}=\boldsymbol{A}^{-1}\boldsymbol{B}$. 因矩阵 $\boldsymbol{A}$ 可逆, 由定理 2 存在初等矩阵 $\boldsymbol{P}_1,\boldsymbol{P}_2,\cdots,\boldsymbol{P}_l$, 使 $\boldsymbol{A}=\boldsymbol{P}_1\boldsymbol{P}_2\cdots\boldsymbol{P}_l$. 从而 $\boldsymbol{A}^{-1}=\boldsymbol{P}_l^{-1}\cdots\boldsymbol{P}_2^{-1}\boldsymbol{P}_1^{-1}$, 而 $\boldsymbol{P}_1^{-1},\boldsymbol{P}_2^{-1},\cdots,\boldsymbol{P}_l^{-1}$ 均为初等矩阵, 故

$$\boldsymbol{P}_l^{-1}\cdots\boldsymbol{P}_2^{-1}\boldsymbol{P}_1^{-1}\boldsymbol{A}=\boldsymbol{E}, \tag{2.1}$$

$$\boldsymbol{P}_l^{-1}\cdots\boldsymbol{P}_2^{-1}\boldsymbol{P}_1^{-1}\boldsymbol{B}=\boldsymbol{A}^{-1}\boldsymbol{B}. \tag{2.2}$$

式 (2.1) 表明矩阵 $\boldsymbol{A}$ 经一系列初等行变换化为 $\boldsymbol{E}$, 式 (2.2) 表明 $\boldsymbol{B}$ 经同一系列初等行变换化为 $\boldsymbol{A}^{-1}\boldsymbol{B}$. 由式 (2.1)、(2.2) 有

$$(\boldsymbol{A},\boldsymbol{B})\xrightarrow{\text{初等行变换}}(\boldsymbol{E},\boldsymbol{A}^{-1}\boldsymbol{B}),$$

即对矩阵 $(\boldsymbol{A},\boldsymbol{B})$ 施行初等行变换, 把矩阵 $\boldsymbol{A}$ 化为 $\boldsymbol{E}$ 的同时, 也就把矩阵 $\boldsymbol{B}$ 化成了 $\boldsymbol{A}^{-1}\boldsymbol{B}$.

特别地, 当 $\boldsymbol{B}=\boldsymbol{E}$ 时, 若 $(\boldsymbol{A},\boldsymbol{E})\xrightarrow{\text{初等行变换}}(\boldsymbol{E},\boldsymbol{X})$, 则 $\boldsymbol{A}$ 可逆, 且 $\boldsymbol{X}=\boldsymbol{A}^{-1}$.

对于 n 个未知数、n 个方程的线性方程组 $\boldsymbol{Ax}=\boldsymbol{b}$, 如果增广矩阵

$$\boldsymbol{B}=(\boldsymbol{A},\boldsymbol{b})\xrightarrow{\text{初等行变换}}(\boldsymbol{E},\boldsymbol{x}),$$

则系数矩阵 $\boldsymbol{A}$ 可逆, 且 $\boldsymbol{x}=\boldsymbol{A}^{-1}\boldsymbol{b}$ 为线性方程组的唯一解.

例 2.1　设 $\boldsymbol{A}=\begin{pmatrix}2 & -4 & 1\\ 1 & -5 & 2\\ 1 & -1 & 1\end{pmatrix}$, 求 $\boldsymbol{A}^{-1}$.

解

$$(\boldsymbol{A},\boldsymbol{E})=\begin{pmatrix}2&-4&1&1&0&0\\1&-5&2&0&1&0\\1&-1&1&0&0&1\end{pmatrix}\longrightarrow\begin{pmatrix}1&-5&2&0&1&0\\2&-4&1&1&0&0\\1&-1&1&0&0&1\end{pmatrix}$$

$$\longrightarrow\begin{pmatrix}1&-5&2&0&1&0\\0&6&-3&1&-2&0\\0&4&-1&0&-1&1\end{pmatrix}\longrightarrow\begin{pmatrix}1&-5&2&0&1&0\\0&1&-\frac{1}{2}&\frac{1}{6}&-\frac{1}{3}&0\\0&4&-1&0&-1&1\end{pmatrix}$$

$$\longrightarrow\begin{pmatrix}1&-5&2&0&1&0\\0&1&-\frac{1}{2}&\frac{1}{6}&-\frac{1}{3}&0\\0&0&1&-\frac{2}{3}&\frac{1}{3}&1\end{pmatrix}$$

$$\longrightarrow\begin{pmatrix}1&-5&0&\frac{4}{3}&\frac{1}{3}&-2\\0&1&0&-\frac{1}{6}&-\frac{1}{6}&\frac{1}{2}\\0&0&1&-\frac{2}{3}&\frac{1}{3}&1\end{pmatrix}\longrightarrow\begin{pmatrix}1&0&0&\frac{1}{2}&-\frac{1}{2}&\frac{1}{2}\\0&1&0&-\frac{1}{6}&-\frac{1}{6}&\frac{1}{2}\\0&0&1&-\frac{2}{3}&\frac{1}{3}&1\end{pmatrix},$$

因此

$$\boldsymbol{A}^{-1}=\begin{pmatrix}\frac{1}{2}&-\frac{1}{2}&\frac{1}{2}\\-\frac{1}{6}&-\frac{1}{6}&\frac{1}{2}\\-\frac{2}{3}&\frac{1}{3}&1\end{pmatrix}.$$

例 2.2 求解矩阵方程 $\boldsymbol{A}X=\boldsymbol{A}+2\boldsymbol{X}$, 其中 $\boldsymbol{A}=\begin{pmatrix}4&2&3\\1&1&0\\-1&2&3\end{pmatrix}$.

解 由 $\boldsymbol{AX}=\boldsymbol{A}+2\boldsymbol{X}$, 可得 $(\boldsymbol{A}-2\boldsymbol{E})\boldsymbol{X}=\boldsymbol{A}$. 由于 $\left|\boldsymbol{A}-2\boldsymbol{E}\right|=\begin{vmatrix}2&2&3\\1&-1&0\\-1&2&1\end{vmatrix}=-1\neq 0$, 故 $\boldsymbol{A}-2\boldsymbol{E}$ 可逆, 从而 $\boldsymbol{X}=(\boldsymbol{A}-2\boldsymbol{E})^{-1}\boldsymbol{A}$. 由

$$(\boldsymbol{A}-2\boldsymbol{E},\boldsymbol{A})=\begin{pmatrix}2&2&3&4&2&3\\1&-1&0&1&1&0\\-1&2&1&-1&2&3\end{pmatrix}\longrightarrow\begin{pmatrix}1&-1&0&1&1&0\\2&2&3&4&2&3\\-1&2&1&-1&2&3\end{pmatrix}$$

$$\longrightarrow\begin{pmatrix}1&-1&0&1&1&0\\0&4&3&2&0&3\\0&1&1&0&3&3\end{pmatrix}\longrightarrow\begin{pmatrix}1&-1&0&1&1&0\\0&1&1&0&3&3\\0&0&-1&2&-12&-9\end{pmatrix}$$

$$\longrightarrow\begin{pmatrix}1&-1&0&1&1&0\\0&1&0&2&-9&-6\\0&0&-1&2&-12&-9\end{pmatrix}\longrightarrow\begin{pmatrix}1&0&0&3&-8&-6\\0&1&0&2&-9&-6\\0&0&1&-2&12&9\end{pmatrix},$$

得

$$\boldsymbol{X}=(\boldsymbol{A}-2\boldsymbol{E})^{-1}\boldsymbol{A}=\begin{pmatrix}3&-8&-6\\2&-9&-6\\-2&12&9\end{pmatrix}.$$

上面介绍了利用矩阵的初等变换求解矩阵方程 $\boldsymbol{AX}=\boldsymbol{B}$. 下面寻求如何利用初等变换求解矩阵方程 $\boldsymbol{XA}=\boldsymbol{B}$.

由 $\boldsymbol{XA}=\boldsymbol{B}$, 得 $(\boldsymbol{XA})^{\mathrm{T}}=\boldsymbol{B}^{\mathrm{T}}$, 即 $\boldsymbol{A}^{\mathrm{T}}\boldsymbol{X}^{\mathrm{T}}=\boldsymbol{B}^{\mathrm{T}}$. 当矩阵 $\boldsymbol{A}$ 可逆时, 有

$$\boldsymbol{X}^{\mathrm{T}}=(\boldsymbol{A}^{\mathrm{T}})^{-1}\boldsymbol{B}^{\mathrm{T}}=(\boldsymbol{A}^{-1})^{\mathrm{T}}\boldsymbol{B}^{\mathrm{T}}=(\boldsymbol{BA}^{-1})^{\mathrm{T}},$$

从而 $\boldsymbol{X}=\boldsymbol{BA}^{-1}$. 因此, 求解矩阵方程 $\boldsymbol{XA}=\boldsymbol{B}$ 的方法为

$$\left(\boldsymbol{A}^{\mathrm{T}},\boldsymbol{B}^{\mathrm{T}}\right)\xrightarrow{\text{初等行变换}}\left(\boldsymbol{E},(\boldsymbol{A}^{\mathrm{T}})^{-1}\boldsymbol{B}^{\mathrm{T}}\right),$$

则 $\boldsymbol{X}=((\boldsymbol{A}^{\mathrm{T}})^{-1}\boldsymbol{B}^{\mathrm{T}})^{\mathrm{T}}$.

2.3 矩 阵 的 秩

矩阵的秩是讨论向量组的线性相关性、线性方程组解的存在性等问题的重要工具. 在 2.1 节中讲到对于一个 $m\times n$ 矩阵 $\boldsymbol{A}$, 总可以经过初等变换把它化为**标准形**$\boldsymbol{F}=\begin{pmatrix}\boldsymbol{E}_r&\boldsymbol{O}\\\boldsymbol{O}&\boldsymbol{O}\end{pmatrix}_{m\times n}$.其左上角的 r 阶单位矩阵的阶数 r, 就是本节所要介绍的矩阵 $\boldsymbol{A}$ 的秩.

定义 2.3　在 $m\times n$ 矩阵 $\boldsymbol{A}$ 中, 任取 k 行 k 列 $(1\leqslant k\leqslant m, 1\leqslant k\leqslant n)$, 位于这些行列交叉处的 k^2 个元素, 不改变它们在 $\boldsymbol{A}$ 中所处的位置而构成的 k 阶行列式, 称为矩阵 $\boldsymbol{A}$ 的一个**k 阶子式**.

一个 $m\times n$ 矩阵 $\boldsymbol{A}$ 共有 $C_m^k\cdot C_n^k$ 个 k 阶子式.

定义 2.4　设矩阵 $\boldsymbol{A}$ 为 $m\times n$ 矩阵, 如果存在一个 r 阶子式不为零, 且所有的 $r+1$ 阶子式 (如果存在) 全为零, 则称 r 为**矩阵 $\boldsymbol{A}$ 的秩**, 记作 $R(\boldsymbol{A})$, 即 $R(\boldsymbol{A})=r$.

因零矩阵没有非零子式，因此，规定零阵的秩等于 0. 设矩阵 $\boldsymbol{A}$ 为 $m\times n$ 矩阵，显然 $R(\boldsymbol{A})\leqslant \min(m,n)$. 当所有 $r+1$ 阶子式全为零时，由行列式的性质可知，高于 $r+1$ 阶的子式也全为零. 因此，矩阵 $\boldsymbol{A}$ 的秩就是 $\boldsymbol{A}$ 中不等于零的子式的最高阶数.

由于矩阵 $\boldsymbol{A}$ 的行列式与其转置矩阵 $\boldsymbol{A}^{\mathrm{T}}$ 的行列式相等. 因此，$\boldsymbol{A}^{\mathrm{T}}$ 的子式与 $\boldsymbol{A}$ 的子式对应相等，从而 $R(\boldsymbol{A}^{\mathrm{T}})=R(\boldsymbol{A})$.

对于 n 阶方阵 $\boldsymbol{A}$，当 $|\boldsymbol{A}|\neq 0$ 时，$R(\boldsymbol{A})=n$；当 $|\boldsymbol{A}|=0$ 时，$R(\boldsymbol{A})<n$. 可见，可逆矩阵的秩等于矩阵的阶数. 因此，可逆阵又称**满秩矩阵**；不可逆矩阵 (奇异矩阵) 又称**降秩矩阵**.

例 2.3 求矩阵 $\boldsymbol{A}$ 和 $\boldsymbol{B}$ 的秩，其中

$$\boldsymbol{A}=\begin{pmatrix}2&3&-5\\4&7&1\\1&2&3\end{pmatrix},\quad \boldsymbol{B}=\begin{pmatrix}1&1&2&3&4\\0&4&5&0&-1\\0&0&3&4&2\\0&0&0&0&0\end{pmatrix}.$$

解 在矩阵 $\boldsymbol{A}$ 中，容易看出，有一个 2 阶子式 $\begin{vmatrix}2&3\\1&2\end{vmatrix}=1\neq 0$, $\boldsymbol{A}$ 的 3 阶子式只有 $|\boldsymbol{A}|$. 经计算 $|\boldsymbol{A}|=0$，因此 $R(\boldsymbol{A})=2$.

矩阵 $\boldsymbol{B}$ 是一个行阶梯形矩阵，其非零行只有三行. 从而 $\boldsymbol{B}$ 的所有 4 阶子式全为零，而 $\begin{vmatrix}1&1&2\\0&4&5\\0&0&3\end{vmatrix}=12\neq 0$. 因此，$R(\boldsymbol{B})=3$.

从本例可知，对于一般的矩阵，当行数与列数较高时，用定义求其秩是很麻烦的，然而对于行阶梯形矩阵，它的秩就等于非零行的行数. 因此，自然就想到应用初等变换将矩阵化为行阶梯形矩阵. 那么，矩阵的初等变换是否改变矩阵的秩？我们用以下定理来回答.

定理 3 若 $\boldsymbol{A}\sim\boldsymbol{B}$，则 $R(\boldsymbol{A})=R(\boldsymbol{B})$.

该定理不予以证明.

根据定理 3，为求矩阵的秩，只需对矩阵施行初等行变换将其化为行阶梯形矩阵. 行阶梯形矩阵中非零行的行数即是该矩阵的秩.

例 2.4 设 $\boldsymbol{A}=\begin{pmatrix}3&-1&-4&2&-2\\1&0&-1&1&0\\1&2&1&3&4\\-1&4&3&-3&0\end{pmatrix}$，求 $\boldsymbol{A}$ 的秩，并求 $\boldsymbol{A}$ 的一个最高阶非零子式.

解　$$A=\begin{pmatrix}3&-1&-4&2&-2\\1&0&-1&1&0\\1&2&1&3&4\\-1&4&3&-3&0\end{pmatrix}\longrightarrow\begin{pmatrix}1&0&-1&1&0\\3&-1&-4&2&-2\\1&2&1&3&4\\-1&4&3&-3&0\end{pmatrix}$$

$$\longrightarrow\begin{pmatrix}1&0&-1&1&0\\0&-1&-1&-1&-2\\0&2&2&2&4\\0&4&2&-2&0\end{pmatrix}\longrightarrow\begin{pmatrix}1&0&-1&1&0\\0&-1&-1&-1&-2\\0&0&0&0&0\\0&0&-2&-6&-8\end{pmatrix}$$

$$\longrightarrow\begin{pmatrix}1&0&-1&1&0\\0&-1&-1&-1&-2\\0&0&-2&-6&-8\\0&0&0&0&0\end{pmatrix},$$

因此,$R(\boldsymbol{A})=3$.

由于 $R(\boldsymbol{A})=3$, 因此, $\boldsymbol{A}$ 的最高阶非零子式为 3 阶. 而 $\boldsymbol{A}$ 的 3 阶子式共有 $\mathrm{C}_4^3\mathrm{C}_5^3=40$(个), 要从 40 个 3 阶子式中找出一个非零子式是比较麻烦的. 考察 $\boldsymbol{A}$ 的行阶梯形矩阵, 由于 , $\boldsymbol{A}_0=\begin{pmatrix}1&0&-1\\0&-1&-1\\0&0&-2\\0&0&0\end{pmatrix}$的秩也为 3, 故 $\boldsymbol{A}_0$ 中必有 3 阶非零子式. $\boldsymbol{A}_0$ 的 3 阶子式只有 4 个, 找一个 3 阶非零子式较方便. 现计算 $\boldsymbol{A}$ 的前 3 列, 第一、二、四行构成的子式

$$\begin{vmatrix}3&-1&-4\\1&0&-1\\-1&4&3\end{vmatrix}=\begin{vmatrix}3&-1&-4\\1&0&-1\\11&0&-13\end{vmatrix}$$
$$=\begin{vmatrix}1&-1\\11&-13\end{vmatrix}=-2\neq0,$$

因此, 这个子式便是 $\boldsymbol{A}$ 的一个最高阶非零子式.

例 2.5　设 $\boldsymbol{A}=\begin{pmatrix}k&1&1&1\\1&k&1&1\\1&1&k&1\\1&1&1&k\end{pmatrix}$, 且 $R(\boldsymbol{A})=3$. 求 k 的值.

解法一
$$|\boldsymbol{A}| = \begin{vmatrix} k & 1 & 1 & 1 \\ 1 & k & 1 & 1 \\ 1 & 1 & k & 1 \\ 1 & 1 & 1 & k \end{vmatrix} = (k+3)\begin{vmatrix} 1 & 1 & 1 & 1 \\ 1 & k & 1 & 1 \\ 1 & 1 & k & 1 \\ 1 & 1 & 1 & k \end{vmatrix} = (k+3)(k-1)^3.$$

由于 $R(\boldsymbol{A})=3$, 所以 $|\boldsymbol{A}|=0$, 即 $k=1$ 或 $k=-3$. 当 $k=1$ 时, $R(\boldsymbol{A})=1$, 故 $k=-3$.

解法二 对矩阵 $\boldsymbol{A}$ 施行初等行变换将其化为行阶梯形矩阵

$$\boldsymbol{A} = \begin{pmatrix} k & 1 & 1 & 1 \\ 1 & k & 1 & 1 \\ 1 & 1 & k & 1 \\ 1 & 1 & 1 & k \end{pmatrix} \longrightarrow \begin{pmatrix} 1 & 1 & 1 & k \\ 1 & k & 1 & 1 \\ 1 & 1 & k & 1 \\ k & 1 & 1 & 1 \end{pmatrix}$$

$$\longrightarrow \begin{pmatrix} 1 & 1 & 1 & k \\ 0 & k-1 & 0 & 1-k \\ 0 & 0 & k-1 & 1-k \\ 0 & 1-k & 1-k & (1-k)(1+k) \end{pmatrix}$$

$$\longrightarrow \begin{pmatrix} 1 & 1 & 1 & k \\ 0 & k-1 & 0 & 1-k \\ 0 & 0 & k-1 & 1-k \\ 0 & 0 & 0 & (1-k)(3+k) \end{pmatrix}.$$

因 $R(\boldsymbol{A})=3$, 所以 $k=-3$.

下面讨论矩阵的秩的性质. 前面我们已经提到了矩阵秩的一些最基本的性质, 归纳如下:

(1) 设矩阵 $\boldsymbol{A}$ 是 $m\times n$ 矩阵, 则 $0\leqslant R(\boldsymbol{A})\leqslant \min\{m,n\}$;

(2) $R(\boldsymbol{A}^{\mathrm{T}})=R(\boldsymbol{A})$;

(3) 若 $\boldsymbol{A}\sim\boldsymbol{B}$, 则 $R(\boldsymbol{A})=R(\boldsymbol{B})$;

(4) 若 $\boldsymbol{P},\boldsymbol{Q}$ 可逆, 则 $R(\boldsymbol{PAQ})=R(\boldsymbol{A})$;

(5) $\max\{R(\boldsymbol{A}),R(\boldsymbol{B})\}\leqslant R(\boldsymbol{A},\boldsymbol{B})\leqslant R(\boldsymbol{A})+R(\boldsymbol{B})$;

特别地, 当 $\boldsymbol{B}=\boldsymbol{b}$ 为列向量时, 有 $R(\boldsymbol{A})\leqslant R(\boldsymbol{A},\boldsymbol{b})\leqslant R(\boldsymbol{A})+1$.

(6) $R(\boldsymbol{A}+\boldsymbol{B})\leqslant R(\boldsymbol{A})+R(\boldsymbol{B})$;

(7) $R(\boldsymbol{AB})\leqslant \min\{R(\boldsymbol{A}),R(\boldsymbol{B})\}$;

(8) 若 $\boldsymbol{A}_{m\times n}\boldsymbol{B}_{n\times l}=\boldsymbol{0}$, 则 $R(\boldsymbol{A})+R(\boldsymbol{B})\leqslant n$.

这些性质除性质 (8) 在下一章证明外, 其余均不予证明.

例 2.6 设矩阵 $\boldsymbol{A}$ 为 n 阶方阵, 且满足 $\boldsymbol{A}^2=\boldsymbol{A}$, 证明: $R(\boldsymbol{A})+R(\boldsymbol{A}-\boldsymbol{E})=n$.

证明 由 $\boldsymbol{A}^2=\boldsymbol{A}$, 有 $\boldsymbol{A}(\boldsymbol{A}-\boldsymbol{E})=\boldsymbol{O}$. 由性质 (8), 有 $R(\boldsymbol{A})+R(\boldsymbol{A}-\boldsymbol{E})\leqslant n$. 又因 $\boldsymbol{E}=(\boldsymbol{E}-\boldsymbol{A})+\boldsymbol{A}$, 由性质 (6), 有 $R(\boldsymbol{A})+R(\boldsymbol{E}-\boldsymbol{A})\geqslant R(\boldsymbol{E})=n$. 而 $R(\boldsymbol{A}-\boldsymbol{E})=R(\boldsymbol{E}-\boldsymbol{A})$, 从而 $R(\boldsymbol{A})+R(\boldsymbol{A}-\boldsymbol{E})\geqslant R(\boldsymbol{E})=n$. 因此, $R(\boldsymbol{A})+R(\boldsymbol{A}-\boldsymbol{E})=n$.

2.4 线性方程组的解

设有 n 个未知数、m 个方程的线性方程组

$$\begin{cases} a_{11}x_1+a_{12}x_2+\cdots+a_{1n}x_n=b_1,\\ a_{21}x_1+a_{22}x_2+\cdots+a_{2n}x_n=b_2,\\ \qquad\cdots\\ a_{m1}x_1+a_{m2}x_2+\cdots+a_{mn}x_n=b_m. \end{cases} \tag{2.3}$$

方程组 (2.3) 的系数矩阵 $\boldsymbol{A}=\begin{pmatrix} a_{11} & a_{12} & \cdots & a_{1n}\\ a_{21} & a_{22} & \cdots & a_{2n}\\ \vdots & \vdots & & \vdots\\ a_{m1} & a_{m2} & \cdots & a_{mn} \end{pmatrix}$, 记 $\boldsymbol{b}=\begin{pmatrix} b_1\\ b_2\\ \vdots\\ b_m \end{pmatrix}$, 则方程组 (2.3) 可写成矩阵表示形式

$$\boldsymbol{Ax}=\boldsymbol{b} \tag{2.4}$$

定理 4 n 元线性方程组 $\boldsymbol{Ax}=\boldsymbol{b}$

(1) 无解的充分必要条件是 $R(\boldsymbol{A})<R(\boldsymbol{A},\boldsymbol{b})$;

(2) 有唯一解的充分必要条件是 $R(\boldsymbol{A})=R(\boldsymbol{A},\boldsymbol{b})=n$;

(3) 有无穷多解的充分必要条件是 $R(\boldsymbol{A})=R(\boldsymbol{A},\boldsymbol{b})<n$.

证明 只需证明定理的充分性, 而必要性是相关充分性的逆否命题.

设 $R(\boldsymbol{A})=r$, 为叙述方便, 设 $\boldsymbol{B}=(\boldsymbol{A},\boldsymbol{b})$ 的行最简形矩阵为

$$\boldsymbol{B}=\begin{pmatrix} 1 & 0 & \cdots & 0 & b_{11} & \cdots & b_{1,n-r} & d_1\\ 0 & 1 & \cdots & 0 & b_{21} & \cdots & b_{2,n-r} & d_2\\ \vdots & \vdots & & \vdots & \vdots & & \vdots & \vdots\\ 0 & 0 & \cdots & 1 & b_{r1} & \cdots & b_{r,n-r} & d_r\\ 0 & 0 & \cdots & 0 & 0 & \cdots & 0 & d_{r+1}\\ 0 & 0 & \cdots & 0 & 0 & \cdots & 0 & 0\\ \vdots & \vdots & & \vdots & \vdots & & \vdots & \vdots\\ 0 & 0 & \cdots & 0 & 0 & \cdots & 0 & 0 \end{pmatrix}.$$

(1) 若 $R(\boldsymbol{A}) < R(\boldsymbol{B})$, 则 $\boldsymbol{B}$ 中的 $d_{r+1} = 1$, 于是 $\boldsymbol{B}$ 的第 $r+1$ 行对应的方程为 $0 = 1$, 故方程组 $\boldsymbol{Ax} = \boldsymbol{b}$ 无解.

(2) 若 $R(\boldsymbol{A}) = R(\boldsymbol{B}) = r = n$, 则 $\boldsymbol{B}$ 中的 $d_{r+1} = 0$(或 d_{r+1} 不出现) 且 b_{ij} 也不出现, 于是 $\boldsymbol{B}$ 对应的方程组为

$$\begin{cases} x_1 = d_1, \\ x_2 = d_2, \\ \cdots\cdots \\ x_n = d_n. \end{cases}$$

故方程组 $\boldsymbol{Ax} = \boldsymbol{b}$ 有唯一解.

(3) 若 $R(\boldsymbol{A}) = R(\boldsymbol{B}) = r < n$, 则 $\boldsymbol{B}$ 中的 $d_{r+1} = 0$(或 d_{r+1} 不出现), $\boldsymbol{B}$ 对应的方程组为

$$\begin{cases} x_1 = -b_{11}x_{r+1} - \cdots - b_{1,n-r}x_n + d_1, \\ x_2 = -b_{21}x_{r+1} - \cdots - b_{2,n-r}x_n + d_2, \\ \cdots\cdots \\ x_r = -b_{r1}x_{r+1} - \cdots - b_{r,n-r}x_n + d_r. \end{cases}$$

令自由未知数 $x_{r+1} = c_1, \cdots, x_n = c_{n-r}$, 则

$$\begin{pmatrix} x_1 \\ x_2 \\ \vdots \\ x_r \\ x_{r+1} \\ \vdots \\ x_n \end{pmatrix} = c_1 \begin{pmatrix} -b_{11} \\ -b_{21} \\ \vdots \\ -b_{r1} \\ 1 \\ \vdots \\ 0 \end{pmatrix} + \cdots + c_{n-r} \begin{pmatrix} -b_{1,n-r} \\ -b_{2,n-r} \\ \vdots \\ -b_{r,n-r} \\ 0 \\ \vdots \\ 1 \end{pmatrix} + \begin{pmatrix} d_1 \\ d_2 \\ \vdots \\ d_r \\ 0 \\ \vdots \\ 0 \end{pmatrix}, \tag{2.5}$$

其中 $c_1, c_2, \cdots, c_{n-r}$ 为任意实数. 故方程组 $\boldsymbol{Ax} = \boldsymbol{b}$ 有无穷多解, 且解 (2.5) 为线性方程组 $\boldsymbol{Ax} = \boldsymbol{b}$ 的全部解.

该定理的证明过程实际上给出了求解线性方程组的方法及步骤.

当 $\boldsymbol{b} = \boldsymbol{0}$ 时, 称 $\boldsymbol{Ax} = \boldsymbol{0}$ 为齐次线性方程组. 齐次线性方程组一定有解, 至少有一组零解: $x_1 = x_2 = \cdots = x_n = 0$. 由定理 4 可得如下定理.

定理 5 n 元齐次线性方程组 $\boldsymbol{Ax} = \boldsymbol{0}$

(1) 只有零解的充分必要条件是 $R(\boldsymbol{A}) = n$;

(2) 有非零解的充分必要条件是 $R(\boldsymbol{A}) < n$.

例 2.7　求解齐次线性方程组

$$\begin{cases} 3x_1+x_2-6x_3-4x_4+2x_5=0, \\ 2x_1+2x_2-3x_3-5x_4+3x_5=0, \\ x_1-5x_2-6x_3+8x_4-6x_5=0. \end{cases}$$

解

$$\boldsymbol{A}=\begin{pmatrix} 3 & 1 & -6 & -4 & 2 \\ 2 & 2 & -3 & -5 & 3 \\ 1 & -5 & -6 & 8 & -6 \end{pmatrix} \longrightarrow \begin{pmatrix} 1 & -1 & -3 & 1 & -1 \\ 0 & 4 & 3 & -7 & 5 \\ 0 & -4 & -3 & 7 & -5 \end{pmatrix}$$

$$\longrightarrow \begin{pmatrix} 1 & -1 & -3 & 1 & -1 \\ 0 & 1 & \frac{3}{4} & -\frac{7}{4} & \frac{5}{4} \\ 0 & 0 & 0 & 0 & 0 \end{pmatrix} \longrightarrow \begin{pmatrix} 1 & 0 & -\frac{9}{4} & -\frac{3}{4} & \frac{1}{4} \\ 0 & 1 & \frac{3}{4} & -\frac{7}{4} & \frac{5}{4} \\ 0 & 0 & 0 & 0 & 0 \end{pmatrix}.$$

因 $R(\boldsymbol{A})=2<5$, 则方程组有非零解, 且

$$\begin{cases} x_1=\frac{9}{4}x_3+\frac{3}{4}x_4-\frac{1}{4}x_5, \\ x_2=-\frac{3}{4}x_3+\frac{7}{4}x_4-\frac{5}{4}x_5. \end{cases}$$

令 $x_3=c_1, x_4=c_2, x_5=c_3$, 得

$$\begin{cases} x_1=\frac{9}{4}c_1+\frac{3}{4}c_2-\frac{1}{4}c_3, \\ x_2=-\frac{3}{4}c_1+\frac{7}{4}c_2-\frac{5}{4}c_3, \\ x_3=c_1, \\ x_4=c_2, \\ x_5=c_3. \end{cases}$$

其中 c_1, c_2, c_3 为任意实数. 或写成矩阵表示形式

$$\begin{pmatrix} x_1 \\ x_2 \\ x_3 \\ x_4 \\ x_5 \end{pmatrix}=c_1\begin{pmatrix} \frac{9}{4} \\ -\frac{3}{4} \\ 1 \\ 0 \\ 0 \end{pmatrix}+c_2\begin{pmatrix} \frac{3}{4} \\ \frac{7}{4} \\ 0 \\ 1 \\ 0 \end{pmatrix}+c_3\begin{pmatrix} -\frac{1}{4} \\ -\frac{5}{4} \\ 0 \\ 0 \\ 1 \end{pmatrix},$$

其中 c_1, c_2, c_3 为任意实数.

例 2.8 求解非齐次线性方程组

$$\begin{cases} 3x_1 + x_2 - 6x_3 - 4x_4 = 2, \\ 2x_1 + 2x_2 - 3x_3 - 5x_4 = 3, \\ x_1 - 5x_2 - 6x_3 + 8x_4 = -6. \end{cases}$$

解 对增广矩阵施行初等行变换

$$\boldsymbol{B} = (\boldsymbol{A}, \boldsymbol{b}) = \begin{pmatrix} 3 & 1 & -6 & -4 & 2 \\ 2 & 2 & -3 & -5 & 3 \\ 1 & -5 & -6 & 8 & -6 \end{pmatrix} \longrightarrow \begin{pmatrix} 1 & -1 & -3 & 1 & -1 \\ 0 & 4 & 3 & -7 & 5 \\ 0 & -4 & -3 & 7 & -5 \end{pmatrix}$$

$$\longrightarrow \begin{pmatrix} 1 & -1 & -3 & 1 & -1 \\ 0 & 4 & 3 & -7 & 5 \\ 0 & 0 & 0 & 0 & 0 \end{pmatrix} \longrightarrow \begin{pmatrix} 1 & 0 & -\frac{9}{4} & -\frac{3}{4} & \frac{1}{4} \\ 0 & 1 & \frac{3}{4} & -\frac{7}{4} & \frac{5}{4} \\ 0 & 0 & 0 & 0 & 0 \end{pmatrix},$$

由此得

$$\begin{cases} x_1 = \frac{9}{4}x_3 + \frac{3}{4}x_4 + \frac{1}{4}, \\ x_2 = -\frac{3}{4}x_3 + \frac{7}{4}x_4 + \frac{5}{4}. \end{cases}$$

令 $x_3 = c_1, x_4 = c_2$, 得方程组的全部解为

$$\begin{pmatrix} x_1 \\ x_2 \\ x_3 \\ x_4 \end{pmatrix} = c_1 \begin{pmatrix} \frac{9}{4} \\ -\frac{3}{4} \\ 1 \\ 0 \end{pmatrix} + c_2 \begin{pmatrix} \frac{3}{4} \\ \frac{7}{4} \\ 0 \\ 1 \end{pmatrix} + \begin{pmatrix} \frac{1}{4} \\ \frac{5}{4} \\ 0 \\ 0 \end{pmatrix},$$

其中 c_1, c_2 为任意实数.

例 2.9 设线性方程组

$$\begin{cases} (2-\lambda)x_1 + 2x_2 - 2x_3 = 1, \\ 2x_1 + (5-\lambda)x_2 - 4x_3 = 2, \\ -2x_1 - 4x_2 + (5-\lambda)x_3 = -\lambda - 1. \end{cases}$$

问 λ 为何值时, 方程组有唯一解、无解或无穷多解? 并在有无穷多解时求其全部解.

解法一　对增广矩阵施行初等行变换

$$B=(A,b)=\begin{pmatrix}2-\lambda & 2 & -2 & 1\\ 2 & 5-\lambda & -4 & 2\\ -2 & -4 & 5-\lambda & -\lambda-1\end{pmatrix}$$

$$\xrightarrow{r_1\leftrightarrow r_3}\begin{pmatrix}-2 & -4 & 5-\lambda & -\lambda-1\\ 2 & 5-\lambda & -4 & 2\\ 2-\lambda & 2 & -2 & 1\end{pmatrix}$$

$$\xrightarrow[r_3+\frac{1}{2}(2-\lambda)r_1]{r_2+r_1}\begin{pmatrix}-2 & -4 & 5-\lambda & -\lambda-1\\ 0 & 1-\lambda & 1-\lambda & 1-\lambda\\ 0 & 2(\lambda-1) & -2+\dfrac{1}{2}(5-\lambda)(2-\lambda) & 1+\dfrac{1}{2}(-\lambda-1)(2-\lambda)\end{pmatrix}$$

$$\xrightarrow{r_3+2r_2}\begin{pmatrix}-2 & -4 & 5-\lambda & -\lambda-1\\ 0 & 1-\lambda & 1-\lambda & 1-\lambda\\ 0 & 0 & \dfrac{1}{2}(\lambda-1)(\lambda-10) & \dfrac{1}{2}(\lambda-1)(\lambda-4)\end{pmatrix}$$

$$\xrightarrow{r_3\times 2}\begin{pmatrix}-2 & -4 & 5-\lambda & -\lambda-1\\ 0 & 1-\lambda & 1-\lambda & 1-\lambda\\ 0 & 0 & (\lambda-1)(\lambda-10) & (\lambda-1)(\lambda-4)\end{pmatrix}.$$

当 $(\lambda-1)(\lambda-10)\neq 0$, 即 $\lambda\neq 1$ 且 $\lambda\neq 10$ 时, $R(A)=R(B)=3$, 方程组有唯一解.

当 $\begin{cases}(\lambda-1)(\lambda-10)=0\\ (\lambda-1)(\lambda-4)\neq 0\end{cases}$, 即 $\lambda=10$ 时, $R(A)=2\neq 3=R(B)$, 此时方程组无解.

当 $\begin{cases}(\lambda-1)(\lambda-10)=0\\ (\lambda-1)(\lambda-4)=0\end{cases}$, 即 $\lambda=1$ 时, 由

$$B\longrightarrow\begin{pmatrix}-2 & -4 & 4 & -2\\ 0 & 0 & 0 & 0\\ 0 & 0 & 0 & 0\end{pmatrix}\longrightarrow\begin{pmatrix}1 & 2 & -2 & 1\\ 0 & 0 & 0 & 0\\ 0 & 0 & 0 & 0\end{pmatrix},$$

有 $R(\boldsymbol{A})=R(\boldsymbol{B})=1<3$, 此时方程组有无穷多解, 且其全部解为

$$\begin{pmatrix} x_1 \\ x_2 \\ x_3 \end{pmatrix}=c_1\begin{pmatrix} -2 \\ 1 \\ 0 \end{pmatrix}+c_2\begin{pmatrix} 2 \\ 0 \\ 1 \end{pmatrix}+\begin{pmatrix} 1 \\ 0 \\ 0 \end{pmatrix},$$

其中 c_1, c_2 为任意实数.

在此解法中, 对增广矩阵施行初等行变换时, 为了保持方程组的同解性, 对某些变换, 如 $r_1\times(\lambda-2)$, $r_1\times\dfrac{1}{\lambda-2}$, $r_1\times\dfrac{1}{\lambda-2}+r_3$ 等不能施行.

解法二 由于未知数的个数与方程的个数相等, 故可使用克拉默法则.

$$|\boldsymbol{A}|=\begin{vmatrix} 2-\lambda & 2 & -2 \\ 2 & 5-\lambda & -4 \\ -2 & -4 & 5-\lambda \end{vmatrix}\xlongequal{r_3+r_2}\begin{vmatrix} 2-\lambda & -2 & -2 \\ 2 & 5-\lambda & -4 \\ 0 & 1-\lambda & 1-\lambda \end{vmatrix}$$

$$=(1-\lambda)\begin{vmatrix} 2-\lambda & 2 & -2 \\ 2 & 5-\lambda & -4 \\ 0 & 1 & 1 \end{vmatrix}$$

$$\xlongequal{c_2+(-1)c_3}(1-\lambda)\begin{vmatrix} 2-\lambda & 4 & -2 \\ 2 & 9-\lambda & -4 \\ 0 & 0 & 1 \end{vmatrix}=-(\lambda-1)^2(\lambda-10).$$

因此, 当 $|\boldsymbol{A}|\neq 0$, 即 $\lambda\neq 1$ 且 $\lambda\neq 10$ 时, 方程组有唯一解.

当 $\lambda=10$ 时, 由

$$\boldsymbol{B}=\begin{pmatrix} -8 & 2 & -2 & 1 \\ 2 & -5 & -4 & 2 \\ -2 & -4 & -5 & -11 \end{pmatrix}\longrightarrow\begin{pmatrix} 0 & -18 & -18 & 9 \\ 2 & -5 & -4 & 2 \\ 0 & -9 & -9 & -9 \end{pmatrix}$$

$$\longrightarrow\begin{pmatrix} 2 & -5 & -4 & 2 \\ 0 & -9 & -9 & -9 \\ 0 & 0 & 0 & 27 \end{pmatrix},$$

得 $R(\boldsymbol{A})=2\neq 3=R(\boldsymbol{B})$, 方程组无解.

当 $\lambda=1$ 时, 由

$$\boldsymbol{B}=\begin{pmatrix} 1 & 2 & -2 & 1 \\ 2 & 4 & -4 & 2 \\ -2 & -4 & 4 & -2 \end{pmatrix}\longrightarrow\begin{pmatrix} 1 & 2 & -2 & 1 \\ 0 & 0 & 0 & 0 \\ 0 & 0 & 0 & 0 \end{pmatrix},$$

得 $R(\boldsymbol{A}) = R(\boldsymbol{B}) = 1 < 3$, 故方程组有无穷多解, 其全部解为

$$\begin{pmatrix} x_1 \\ x_2 \\ x_3 \end{pmatrix} = c_1 \begin{pmatrix} -2 \\ 1 \\ 0 \end{pmatrix} + c_2 \begin{pmatrix} 2 \\ 0 \\ 1 \end{pmatrix} + \begin{pmatrix} 1 \\ 0 \\ 0 \end{pmatrix},$$

其中 c_1, c_2 为任意实数.

比较解法一与解法二, 显见解法二较简单, 但解法二只适用于系数矩阵为方阵的情形.

定理 4 和定理 5 还可推广到矩阵方程, 有如下定理.

定理 6　矩阵方程 $\boldsymbol{AX} = \boldsymbol{B}$ 有解的充分必要条件是 $R(\boldsymbol{A}) = R(\boldsymbol{A}, \boldsymbol{B})$.

推论 3　设 $\boldsymbol{AB} = \boldsymbol{C}$, 则 $R(\boldsymbol{C}) \leqslant \min\{R(\boldsymbol{A}), R(\boldsymbol{B})\}$.

证明　因 $\boldsymbol{AB} = \boldsymbol{C}$, 说明矩阵方程 $\boldsymbol{AX} = \boldsymbol{C}$ 有解, 由定理 6, 得

$$R(\boldsymbol{A}) = R(\boldsymbol{A}, \boldsymbol{C}) \geqslant R(\boldsymbol{C}).$$

另一方面, 由 $\boldsymbol{AB} = \boldsymbol{C}$, 有 $\boldsymbol{B}^{\mathrm{T}}\boldsymbol{A}^{\mathrm{T}} = \boldsymbol{C}^{\mathrm{T}}$, 说明矩阵方程 $\boldsymbol{B}^{\mathrm{T}}\boldsymbol{X} = \boldsymbol{C}^{\mathrm{T}}$ 有解. 利用定理 6 及 2.3 节中矩阵的性质 (2), 有

$$R(\boldsymbol{B}) = R(\boldsymbol{B}^{\mathrm{T}}) = R(\boldsymbol{B}^{\mathrm{T}}, \boldsymbol{C}^{\mathrm{T}}) \geqslant R(\boldsymbol{C}^{\mathrm{T}}) = R(\boldsymbol{C}),$$

因此, $R(\boldsymbol{C}) \leqslant \min\{R(\boldsymbol{A}), R(\boldsymbol{B})\}$.

定理 7　矩阵方程 $\boldsymbol{A}_{m\times n}\boldsymbol{X}_{n\times l} = \boldsymbol{0}$ 只有零解的充分必要条件是 $R(\boldsymbol{A}) = n$.

习　题　2

1. 设矩阵方程 $\begin{pmatrix} 1 & 0 & 0 \\ 0 & 0 & 1 \\ 0 & 1 & 0 \end{pmatrix} \boldsymbol{X} = \begin{pmatrix} 2 & 3 & 4 \\ 1 & -1 & 2 \\ 3 & 4 & 5 \end{pmatrix}$, 求 $\boldsymbol{X}$.

2. (1) 设 $\boldsymbol{A} = \begin{pmatrix} 1 & 0 & 5 \\ 1 & 1 & 2 \\ 1 & 2 & 5 \end{pmatrix}$, $\boldsymbol{B} = \begin{pmatrix} 1 & 1 & 2 \\ 0 & 0 & -6 \end{pmatrix}$, 求 $\boldsymbol{X}$, 使 $\boldsymbol{XA} = \boldsymbol{B}$;

(2) 设 $\boldsymbol{A} = \begin{pmatrix} 0 & 1 & 5 \\ -1 & 1 & 2 \\ -1 & 0 & 5 \end{pmatrix}$, $\boldsymbol{B} = \begin{pmatrix} 1 & -1 \\ 2 & 0 \\ 5 & -3 \end{pmatrix}$, 且满足 $\boldsymbol{AX} + \boldsymbol{B} = \boldsymbol{X}$, 求 $\boldsymbol{X}$.

3. 求下列矩阵的秩, 并求一个最高阶非零子式.

(1) $\begin{pmatrix} 2 & -4 & 1 & 2 \\ 1 & -5 & 2 & 0 \\ 1 & -1 & 1 & 3 \end{pmatrix}$;　　(2) $\begin{pmatrix} 2 & -1 & -1 & 1 & 2 \\ 1 & 1 & -2 & 1 & 4 \\ 4 & -6 & 2 & -2 & 4 \\ 3 & 6 & -9 & 7 & 9 \end{pmatrix}$.

4. 求解下列线性方程组.

(1) $\begin{cases} x_1 + 2x_2 + 2x_3 + x_4 = 0, \\ 2x_1 + x_2 - 2x_3 - 2x_4 = 0, \\ x_1 - x_2 - 4x_3 - 3x_4 = 0; \end{cases}$　　(2) $\begin{cases} 2x_1 + 3x_2 - x_3 + 5x_4 = 0, \\ 3x_1 + x_2 + 2x_3 - 7x_4 = 0, \\ 4x_1 - x_2 - 3x_3 + 6x_4 = 0, \\ x_1 - 2x_2 + 4x_3 - 7x_4 = 0; \end{cases}$

(3) $\begin{cases} x_1 - 2x_2 + 3x_3 - x_4 = 1, \\ 3x_1 - x_2 + 5x_3 - 3x_4 = 2, \\ 2x_1 + x_2 + 2x_3 - 2x_4 = 3; \end{cases}$　　(4) $\begin{cases} x_1 + x_2 - 3x_3 - x_4 = 1, \\ 3x_1 - x_2 - 3x_3 + 4x_4 = 4, \\ x_1 + 5x_2 - 9x_3 - 8x_4 = 0. \end{cases}$

5. 问 λ 取何值时, 非齐次线性方程组

$$\begin{cases} (1+\lambda)x_1 + x_2 + x_3 = 0, \\ x_1 + (1+\lambda)x_2 + x_3 = 3, \\ x_1 + x_2 + (1+\lambda)x_3 = \lambda \end{cases}$$

有唯一解、无解、有无穷多解? 并在有无穷多解时, 求其全部解.

6. 问 λ 为何值时, 线性方程组

$$\begin{cases} \lambda x_1 + x_2 + x_3 = 1, \\ x_1 + \lambda x_2 + x_3 = \lambda, \\ x_1 + x_2 + \lambda x_3 = \lambda^2 \end{cases}$$

有唯一解、无解、无穷多解?

7. 设矩阵 $\boldsymbol{A}$ 为 $m \times n$ 矩阵. 证明:

(1) 矩阵方程 $\boldsymbol{AX} = \boldsymbol{E}_m$ 有解的充要条件是 $R(\boldsymbol{A}) = m$;

(2) 矩阵方程 $\boldsymbol{XA} = \boldsymbol{E}_n$ 有解的充要条件是 $R(\boldsymbol{A}) = n$.

8. 设矩阵 $\boldsymbol{A}$ 为 $m \times n$ 矩阵. 证明: 若 $\boldsymbol{AX} = \boldsymbol{AY}$, 且 $R(\boldsymbol{A}) = n$, 则 $\boldsymbol{X} = \boldsymbol{Y}$.

9. 写出一个以 $x = c_1 \begin{pmatrix} -2 \\ 4 \\ 1 \\ 0 \end{pmatrix} + c_2 \begin{pmatrix} 3 \\ -2 \\ 0 \\ 1 \end{pmatrix}$ 为全部解的齐次线性方程组.

第 3 章　向量组的线性相关性

3.1　向量组及其线性组合

定义 3.1　n 个有次序的数 $a_1, a_2, \cdots, a_n$ 所组成的一个有序数组 $(a_1, a_2, \cdots, a_n)$ 称为一 **n 维向量**, 这 n 个数称为该向量的 n 个分量, 其中 a_i 称为第 i 个分量.$a_i(i=1,2,\cdots,n)$ 都为实数的向量称为**实向量**, 分量为复数的向量称为**复向量**.

本书只讨论实向量.

n 维向量可写成一行或一列, 分别称为行向量或列向量, 即行矩阵或列矩阵. 列向量一般用小写黑体字母 $\boldsymbol{\alpha}$, $\boldsymbol{\beta}$, $\boldsymbol{\gamma}$ 等表示, 行向量则用 $\boldsymbol{\alpha}^{\mathrm{T}}$, $\boldsymbol{\beta}^{\mathrm{T}}$, $\boldsymbol{\gamma}^{\mathrm{T}}$ 等表示, 本书涉及的向量若无特殊说明一般指列向量.

若干个同维数的列向量 (行向量) 组成的集合称为**向量组**. 例如, $m \times n$ 矩阵的全体列向量是一个含 n 个 m 维列向量的向量组, 它的全体行向量是一个含 m 个 n 维行向量的向量组.

定义 3.2　设向量组 A: $\boldsymbol{\alpha}_1, \boldsymbol{\alpha}_2, \cdots, \boldsymbol{\alpha}_m$, 对于任意实数 $k_1, k_2, \cdots, k_m$, 表达式 $k_1\boldsymbol{\alpha}_1 + k_2\boldsymbol{\alpha}_2 + \cdots + k_m\boldsymbol{\alpha}_m$ 称为向量组 A 的一个**线性组合**. $k_1, k_2, \cdots, k_m$ 称为这个线性组合的系数.

设向量组 A: $\boldsymbol{\alpha}_1, \boldsymbol{\alpha}_2, \cdots, \boldsymbol{\alpha}_m$ 和向量 $\boldsymbol{\beta}$, 若存在一组数 $\lambda_1, \lambda_2, \cdots, \lambda_m$, 使得 $\boldsymbol{\beta} = \lambda_1\boldsymbol{\alpha}_1 + \lambda_2\boldsymbol{\alpha}_2 + \cdots + \lambda_m\boldsymbol{\alpha}_m$, 则称**向量 $\boldsymbol{\beta}$ 可由向量组 A 线性表示**.

向量 $\boldsymbol{\beta}$ 能由向量组 A 线性表示, 也就是线性方程组 $x_1\boldsymbol{\alpha}_1 + x_2\boldsymbol{\alpha}_2 + \cdots + x_m\boldsymbol{\alpha}_m = \boldsymbol{\beta}$ 有解. 由第 2 章定理 4 有以下定理.

定理 1　向量 $\boldsymbol{\beta}$ 能由向量组 $\boldsymbol{\alpha}_1, \boldsymbol{\alpha}_2, \cdots, \boldsymbol{\alpha}_m$ 线性表示的充分必要条件是矩阵 $\boldsymbol{A} = (\boldsymbol{\alpha}_1, \boldsymbol{\alpha}_2, \cdots, \boldsymbol{\alpha}_m)$ 的秩等于矩阵 $\boldsymbol{B} = (\boldsymbol{\alpha}_1, \boldsymbol{\alpha}_2, \cdots, \boldsymbol{\alpha}_m, \boldsymbol{\beta})$ 的秩.

定义 3.3　设向量组 $A: \boldsymbol{\alpha}_1, \boldsymbol{\alpha}_2, \cdots, \boldsymbol{\alpha}_s$ 及向量组 $B: \boldsymbol{\beta}_1, \boldsymbol{\beta}_2, \cdots, \boldsymbol{\beta}_t$, 若向量组 B 中的每个向量都能由向量组 A 线性表示, 则称**向量组 B 能由向量组 A 线性表示**. 若向量组 A,B 可互相线性表示, 则称这**两个向量组等价**.

根据定义, 不难证明向量组的等价性具有下列性质:

(1) **反身性**: 任一向量组 $A: \boldsymbol{\alpha}_1, \boldsymbol{\alpha}_2, \cdots, \boldsymbol{\alpha}_m$ 与其自身等价;

(2) **对称性**: 如果向量组 $A: \boldsymbol{\alpha}_1, \boldsymbol{\alpha}_2, \cdots, \boldsymbol{\alpha}_s$ 与向量组 $B: \boldsymbol{\beta}_1, \boldsymbol{\beta}_2, \cdots, \boldsymbol{\beta}_t$ 等价, 则向量组 B 与向量组 A 等价;

(3) **传递性**: 如果向量组 $A: \boldsymbol{\alpha}_1, \boldsymbol{\alpha}_2, \cdots, \boldsymbol{\alpha}_s$ 与向量组 $B: \boldsymbol{\beta}_1, \boldsymbol{\beta}_2, \cdots, \boldsymbol{\beta}_t$ 等价, 且向量组 $B: \boldsymbol{\beta}_1, \boldsymbol{\beta}_2, \cdots, \boldsymbol{\beta}_t$ 与向量组 $C: \boldsymbol{\gamma}_1, \boldsymbol{\gamma}_2, \cdots, \boldsymbol{\gamma}_m$ 等价, 则向量组 A 与向量

组 C 等价.

设向量组 $B:\boldsymbol{\beta}_1,\boldsymbol{\beta}_2,\cdots,\boldsymbol{\beta}_t$ 能由向量组 $A:\boldsymbol{\alpha}_1,\boldsymbol{\alpha}_2,\cdots,\boldsymbol{\alpha}_s$ 线性表示, 则存在数 $k_{1j},k_{2j},\cdots,k_{sj}(j=1,2,\cdots,t)$, 使得

$$\boldsymbol{\beta}_j=k_{1j}\boldsymbol{\alpha}_1+k_{2j}\boldsymbol{\alpha}_2+\cdots+k_{sj}\boldsymbol{\alpha}_s=(\boldsymbol{\alpha}_1,\boldsymbol{\alpha}_2,\cdots,\boldsymbol{\alpha}_s)\begin{pmatrix}k_{1j}\\k_{2j}\\\vdots\\k_{sj}\end{pmatrix},\quad j=1,2,\cdots,t,$$

即

$$(\boldsymbol{\beta}_1,\boldsymbol{\beta}_2,\cdots,\boldsymbol{\beta}_t)=(\boldsymbol{\alpha}_1,\boldsymbol{\alpha}_2,\cdots,\boldsymbol{\alpha}_s)\begin{pmatrix}k_{11}&k_{12}&\cdots&k_{1t}\\k_{21}&k_{22}&\cdots&k_{2t}\\\vdots&\vdots&&\vdots\\k_{s1}&k_{s2}&\cdots&k_{st}\end{pmatrix},$$

其中 $\boldsymbol{K}_{s\times t}=(k_{ij})_{s\times t}$ 称为这一线性表示的系数矩阵, 也就是矩阵方程

$$(\boldsymbol{\alpha}_1,\boldsymbol{\alpha}_2,\cdots,\boldsymbol{\alpha}_s)\boldsymbol{X}=(\boldsymbol{\beta}_1,\boldsymbol{\beta}_2,\cdots,\boldsymbol{\beta}_t)$$

有解. 由第 2 章定理 6 有以下定理.

定理 2 向量组 $B:\boldsymbol{\beta}_1,\boldsymbol{\beta}_2,\cdots,\boldsymbol{\beta}_t$ 能由向量组 $A:\boldsymbol{\alpha}_1,\boldsymbol{\alpha}_2,\cdots,\boldsymbol{\alpha}_s$ 线性表示的充分必要条件是矩阵 $\boldsymbol{A}=(\boldsymbol{\alpha}_1,\boldsymbol{\alpha}_2,\cdots,\boldsymbol{\alpha}_s)$ 的秩等于矩阵 $(\boldsymbol{A},\boldsymbol{B})=(\boldsymbol{\alpha}_1,\boldsymbol{\alpha}_2,\cdots,\boldsymbol{\alpha}_s,\boldsymbol{\beta}_1,\boldsymbol{\beta}_2,\cdots,\boldsymbol{\beta}_t)$ 的秩, 即 $R(\boldsymbol{A})=R(\boldsymbol{A},\boldsymbol{B})$.

推论 1 向量组 $A:\boldsymbol{\alpha}_1,\boldsymbol{\alpha}_2,\cdots,\boldsymbol{\alpha}_s$ 与向量组 $B:\boldsymbol{\beta}_1,\boldsymbol{\beta}_2,\cdots,\boldsymbol{\beta}_t$ 等价的充分必要条件是 $R(A)=R(B)=R(A,B)$, 其中 (A,B) 是由向量组 A 和 B 所构成的矩阵.

例 3.1 设 $\boldsymbol{\alpha}_1=\begin{pmatrix}1\\0\\2\\1\end{pmatrix},\boldsymbol{\alpha}_2=\begin{pmatrix}1\\1\\3\\0\end{pmatrix},\boldsymbol{\alpha}_3=\begin{pmatrix}1\\-1\\1\\2\end{pmatrix},\boldsymbol{\beta}=\begin{pmatrix}1\\2\\4\\-1\end{pmatrix}$. 证明: 向量 $\boldsymbol{\beta}$ 能由向量组 $\boldsymbol{\alpha}_1,\boldsymbol{\alpha}_2,\boldsymbol{\alpha}_3$ 线性表示, 并求其表达式.

解 设 $x_1\boldsymbol{\alpha}_1+x_2\boldsymbol{\alpha}_2+x_3\boldsymbol{\alpha}_3=\boldsymbol{\beta}$. 记 $\boldsymbol{A}=(\boldsymbol{\alpha}_1,\boldsymbol{\alpha}_2,\boldsymbol{\alpha}_3)$, 由

$$\boldsymbol{B}=(\boldsymbol{\alpha}_1,\boldsymbol{\alpha}_2,\boldsymbol{\alpha}_3,\boldsymbol{\beta})=\begin{pmatrix}1&1&1&1\\0&1&-1&2\\2&3&1&4\\1&0&2&-1\end{pmatrix}\xrightarrow{r}\begin{pmatrix}1&0&2&-1\\0&1&-1&2\\0&0&0&0\\0&0&0&0\end{pmatrix},$$

得 $R(\boldsymbol{A})=R(\boldsymbol{B})=2$. 由定理 1 知, 向量 $\boldsymbol{\beta}$ 能由向量组 $\boldsymbol{\alpha}_1,\boldsymbol{\alpha}_2,\boldsymbol{\alpha}_3$ 线性表示.

方程组 $x_1\boldsymbol{\alpha}_1 + x_2\boldsymbol{\alpha}_2 + x_3\boldsymbol{\alpha}_3 = \boldsymbol{\beta}$ 的解为

$$\begin{pmatrix} x_1 \\ x_2 \\ x_3 \end{pmatrix} = \begin{pmatrix} -2c-1 \\ c+2 \\ c \end{pmatrix}, c \text{ 为任意实数}.$$

从而, 得表达式

$$\boldsymbol{\beta} = (-2c-1)\boldsymbol{\alpha}_1 + (c+2)\boldsymbol{\alpha}_2 + c\boldsymbol{\alpha}_3.$$

其中 c 为任意实数.

例 3.2 设向量组 A: $\boldsymbol{\alpha}_1 = \begin{pmatrix} 0 \\ 1 \\ 1 \end{pmatrix}, \boldsymbol{\alpha}_2 = \begin{pmatrix} 1 \\ 1 \\ 0 \end{pmatrix}$;

$$B : \boldsymbol{\beta}_1 = \begin{pmatrix} -1 \\ 0 \\ 1 \end{pmatrix}, \quad \boldsymbol{\beta}_2 = \begin{pmatrix} 1 \\ 2 \\ 1 \end{pmatrix}, \quad \boldsymbol{\beta}_3 = \begin{pmatrix} 3 \\ 2 \\ -1 \end{pmatrix}.$$

证明: 向量组 A 与向量组 B 等价.

证明 由

$$(A, B) = \begin{pmatrix} 0 & 1 & -1 & 1 & 3 \\ 1 & 1 & 0 & 2 & 2 \\ 1 & 0 & 1 & 1 & -1 \end{pmatrix} \xrightarrow{r} \begin{pmatrix} 1 & 0 & 1 & 1 & -1 \\ 0 & 1 & -1 & 1 & 3 \\ 0 & 0 & 0 & 0 & 0 \end{pmatrix},$$

可得 $R(A) = R(A, B) = 2$.

又因 $R(B) \leqslant R(A, B) = 2$, 且 $\boldsymbol{B} = \begin{pmatrix} -1 & 1 & 3 \\ 0 & 2 & 2 \\ 1 & 1 & -1 \end{pmatrix}$ 中有一个不等于 0 的 2 阶子式 $\begin{vmatrix} -1 & 1 \\ 0 & 2 \end{vmatrix} = -2 \neq 0$, 故 $R(B) = 2$.

因此, $R(A) = R(B) = R(A, B) = 2$. 由定理 2 得, 向量组 A 与向量组 B 等价.

定理 3 设向量组 $B : \boldsymbol{\beta}_1, \boldsymbol{\beta}_2, \cdots, \boldsymbol{\beta}_t$ 能由向量组 $A : \boldsymbol{\alpha}_1, \boldsymbol{\alpha}_2, \cdots, \boldsymbol{\alpha}_s$ 线性表示, 则 $R(B) \leqslant R(A)$.

综上所述: 向量组 $B : \boldsymbol{\beta}_1, \boldsymbol{\beta}_2, \cdots, \boldsymbol{\beta}_t$ 能由向量组 $A : \boldsymbol{\alpha}_1, \boldsymbol{\alpha}_2, \cdots, \boldsymbol{\alpha}_s$ 线性表示

$\Leftrightarrow$ 存在矩阵 $\boldsymbol{K}$, 使 $B = A\boldsymbol{K}$

$\Leftrightarrow$ 矩阵方程 $A\boldsymbol{X} = B$ 有解.

例 3.3 设 n 维列向量组 $A:\boldsymbol{\alpha}_1,\boldsymbol{\alpha}_2,\cdots,\boldsymbol{\alpha}_m$ 构成 $n\times m$ 矩阵 $\boldsymbol{A}=(\boldsymbol{\alpha}_1,\boldsymbol{\alpha}_2,\cdots,\boldsymbol{\alpha}_m)$, n 阶单位阵 $\boldsymbol{E}=(\boldsymbol{e}_1,\boldsymbol{e}_2,\cdots,\boldsymbol{e}_n)$ 的列向量称为 n 维基本单位向量. 证明: n 维基本单位向量组 $\boldsymbol{e}_1,\boldsymbol{e}_2,\cdots,\boldsymbol{e}_n$ 能由向量组 A 线性表示的充分必要条件是 $R(A)=n$.

证明 向量组 E: $\boldsymbol{e}_1,\boldsymbol{e}_2,\cdots,\boldsymbol{e}_n$ 能由向量组 A 线性表示的充分必要条件是 $R(A)=R(A,E)$, 而 $R(A,E)\geqslant R(E)=n$, 再加上矩阵 (A,E) 只有 n 行, 从而 $R(A,E)\leqslant n$, 故 $R(A,E)=n$. 因此, n 维基本单位向量组 $\boldsymbol{e}_1,\boldsymbol{e}_2,\cdots,\boldsymbol{e}_n$ 能由向量组 A 线性表示的充分必要条件是 $R(A)=n$.

3.2 向量组的线性相关性

定义 3.4 设向量组 $A:\boldsymbol{\alpha}_1,\boldsymbol{\alpha}_2,\cdots,\boldsymbol{\alpha}_m$, 如果存在不全为零的数 $k_1,k_2,\cdots,k_m$, 使得

$$k_1\boldsymbol{\alpha}_1+k_2\boldsymbol{\alpha}_2+\cdots+k_m\boldsymbol{\alpha}_m=0$$

成立, 则称向量组 A **线性相关**, 否则称向量组 A **线性无关**.

特别地, $m=1$ 时, $\boldsymbol{\alpha}(\neq\mathbf{0})$ 是线性无关的. 对于含两个向量 $\boldsymbol{\alpha}_1,\boldsymbol{\alpha}_2$ 的向量组线性相关的充分必要条件是 $\boldsymbol{\alpha}_1,\boldsymbol{\alpha}_2$ 的分量对应成比例, 其几何意义是两向量共线. 三个向量线性相关的几何意义是三个向量共面.

向量组 $\boldsymbol{\alpha}_1,\boldsymbol{\alpha}_2,\cdots,\boldsymbol{\alpha}_m(m\geqslant 2)$ 线性相关, 也就是在向量组中至少有一个向量可由其余 $m-1$ 个向量线性表示. 事实上, 设向量组 $\boldsymbol{\alpha}_1,\boldsymbol{\alpha}_2,\cdots,\boldsymbol{\alpha}_m$ 线性相关, 则存在不全为零的数 $k_1,k_2,\cdots,k_m$, 使得

$$k_1\boldsymbol{\alpha}_1+k_2\boldsymbol{\alpha}_2+\cdots+k_m\boldsymbol{\alpha}_m=\mathbf{0}$$

成立. 因 $k_1,k_2,\cdots,k_m$ 不全为零, 不妨设 $k_m\neq 0$, 因此

$$\boldsymbol{\alpha}_m=-\frac{k_1}{k_m}\boldsymbol{\alpha}_1-\frac{k_2}{k_m}\boldsymbol{\alpha}_2-\cdots-\frac{k_{m-1}}{k_m}\boldsymbol{\alpha}_{m-1},$$

即 $\boldsymbol{\alpha}_m$ 可由 $\boldsymbol{\alpha}_1,\boldsymbol{\alpha}_2,\cdots,\boldsymbol{\alpha}_{m-1}$ 线性表示.

反之, 不妨设 $\boldsymbol{\alpha}_m$ 可由 $\boldsymbol{\alpha}_1,\boldsymbol{\alpha}_2,\cdots,\boldsymbol{\alpha}_{m-1}$ 线性表示, 即存在 $m-1$ 个数 $k_1,k_2,\cdots,k_{m-1}$, 使得

$$\boldsymbol{\alpha}_m=k_1\boldsymbol{\alpha}_1+k_2\boldsymbol{\alpha}_2+\cdots+k_{m-1}\boldsymbol{\alpha}_{m-1}$$

成立, 即

$$k_1\boldsymbol{\alpha}_1+k_2\boldsymbol{\alpha}_2+\cdots+k_{m-1}\boldsymbol{\alpha}_{m-1}+(-1)\boldsymbol{\alpha}_m=\mathbf{0}.$$

因 $k_1,k_2,\cdots,k_{m-1}$, (-1) 不全为零, 因此, 向量组 $\boldsymbol{\alpha}_1,\boldsymbol{\alpha}_2,\cdots,\boldsymbol{\alpha}_m$ 线性相关.

设向量组 $\boldsymbol{\alpha}_1,\boldsymbol{\alpha}_2,\cdots,\boldsymbol{\alpha}_m$ 线性相关, 则存在不全为零的数 $k_1,k_2,\cdots,k_m$, 使得

$$k_1\boldsymbol{\alpha}_1+k_2\boldsymbol{\alpha}_2+\cdots+k_m\boldsymbol{\alpha}_m=\mathbf{0}$$

成立, 即线性齐次方程组 $x_1\boldsymbol{\alpha}_1+x_2\boldsymbol{\alpha}_2+\cdots+x_m\boldsymbol{\alpha}_m=\mathbf{0}$ 有非零解. 利用第 2 章定理 5 有以下定理.

定理 4　向量组 $\boldsymbol{\alpha}_1,\boldsymbol{\alpha}_2,\cdots,\boldsymbol{\alpha}_m$ 线性相关的充分必要条件是它所构成的矩阵 $\boldsymbol{A}=(\boldsymbol{\alpha}_1,\boldsymbol{\alpha}_2,\cdots,\boldsymbol{\alpha}_m)$ 的秩小于向量个数 m; 向量组 $\boldsymbol{\alpha}_1,\boldsymbol{\alpha}_2,\cdots,\boldsymbol{\alpha}_m$ 线性无关的充分必要条件是它所构成的矩阵 $\boldsymbol{A}=(\boldsymbol{\alpha}_1,\boldsymbol{\alpha}_2,\cdots,\boldsymbol{\alpha}_m)$ 的秩等于向量个数 m.

利用定理 4, 我们有以下结论.

定理 5　(1) 若向量组 $\boldsymbol{\alpha}_1,\boldsymbol{\alpha}_2,\cdots,\boldsymbol{\alpha}_m$ 线性相关, 则向量组 $\boldsymbol{\alpha}_1,\boldsymbol{\alpha}_2,\cdots,\boldsymbol{\alpha}_m,\boldsymbol{\alpha}_{m+1}$ 也线性相关; 反之, 若向量组 $\boldsymbol{\alpha}_1,\boldsymbol{\alpha}_2,\cdots,\boldsymbol{\alpha}_m,\boldsymbol{\alpha}_{m+1}$ 线性无关, 则向量组 $\boldsymbol{\alpha}_1,\boldsymbol{\alpha}_2,\cdots,\boldsymbol{\alpha}_m$ 也线性无关.

(2) m 个 n 维向量组成的向量组, 当维数 n 小于向量的个数 m 时一定线性相关. 特别地, $n+1$ 个 n 维向量一定线性相关.

(3) 设向量组 $A:\boldsymbol{\alpha}_1,\boldsymbol{\alpha}_2,\cdots,\boldsymbol{\alpha}_m$ 线性无关, 而向量组 $B:\boldsymbol{\alpha}_1,\boldsymbol{\alpha}_2,\cdots,\boldsymbol{\alpha}_m,\boldsymbol{\beta}$ 线性相关, 则向量 $\boldsymbol{\beta}$ 能由向量组 $\boldsymbol{A}$ 线性表示, 且表达式是唯一的.

证明　(1) 记 $\boldsymbol{A}=(\boldsymbol{\alpha}_1,\boldsymbol{\alpha}_2,\cdots,\boldsymbol{\alpha}_m)$, $\boldsymbol{B}=(\boldsymbol{\alpha}_1,\boldsymbol{\alpha}_2,\cdots,\boldsymbol{\alpha}_m,\boldsymbol{\alpha}_{m+1})$, 因向量组 $\boldsymbol{\alpha}_1,\boldsymbol{\alpha}_2,\cdots,\boldsymbol{\alpha}_m$ 线性相关, 由定理 4, 矩阵 $\boldsymbol{A}$ 的秩 $R(\boldsymbol{A})<m$. 从而, 矩阵 $\boldsymbol{B}$ 的秩 $R(\boldsymbol{B})\leqslant R(\boldsymbol{A})+1<m+1$. 因此, 向量组 $\boldsymbol{\alpha}_1,\boldsymbol{\alpha}_2,\cdots,\boldsymbol{\alpha}_m,\boldsymbol{\alpha}_{m+1}$ 线性相关.

(2) m 个 n 维向量组成的向量组所构成的矩阵 $\boldsymbol{A}$ 是一 $n\times m$ 矩阵, 当 $n<m$ 时, 有 $R(\boldsymbol{A})\leqslant\min\{n,m\}=n<m$, 由定理 4 知向量组线性相关.

(3) 记 $\boldsymbol{A}=(\boldsymbol{\alpha}_1,\boldsymbol{\alpha}_2,\cdots,\boldsymbol{\alpha}_m)$, $\boldsymbol{B}=(\boldsymbol{\alpha}_1,\boldsymbol{\alpha}_2,\cdots,\boldsymbol{\alpha}_m,\boldsymbol{\beta})$. 因向量组 $A:\boldsymbol{\alpha}_1,\boldsymbol{\alpha}_2,\cdots,\boldsymbol{\alpha}_m$ 线性无关, 向量组 $B:\boldsymbol{\alpha}_1,\boldsymbol{\alpha}_2,\cdots,\boldsymbol{\alpha}_m,\boldsymbol{\beta}$ 线性相关, 由定理 4, 有 $R(A)=m$, $R(B)<m+1$. 由

$$m=R(A)\leqslant R(B)<m+1,$$

得 $R(A)=R(B)=m$, 方程组 $\boldsymbol{Ax}=\boldsymbol{\beta}$ 有唯一解. 即向量 $\boldsymbol{\beta}$ 能由向量组 A 线性表示, 且表达式唯一.

利用定理 2 及定理 4 有以下定理及推论.

定理 6　设向量组 $B:\boldsymbol{\beta}_1,\boldsymbol{\beta}_2,\cdots,\boldsymbol{\beta}_t$ 可由向量组 $A:\boldsymbol{\alpha}_1,\boldsymbol{\alpha}_2,\cdots,\boldsymbol{\alpha}_s$ 线性表示, 且 $s<t$, 则向量组 $B:\boldsymbol{\beta}_1,\boldsymbol{\beta}_2,\cdots,\boldsymbol{\beta}_t$ 线性相关.

推论 2　设向量组 $B:\boldsymbol{\beta}_1,\boldsymbol{\beta}_2,\cdots,\boldsymbol{\beta}_t$ 可由向量组 $A:\boldsymbol{\alpha}_1,\boldsymbol{\alpha}_2,\cdots,\boldsymbol{\alpha}_s$ 线性表示, 若向量组 $B:\boldsymbol{\beta}_1,\boldsymbol{\beta}_2,\cdots,\boldsymbol{\beta}_t$ 线性无关, 则 $s\geqslant t$.

推论 3　设向量组 $A:\boldsymbol{\alpha}_1,\boldsymbol{\alpha}_2,\cdots,\boldsymbol{\alpha}_s$ 与 $B:\boldsymbol{\beta}_1,\boldsymbol{\beta}_2,\cdots,\boldsymbol{\beta}_t$ 等价, 若向量组 A 和 B 都是线性无关, 则 $s=t$.

例 3.4　讨论 n 维基本单位向量组 $\boldsymbol{e}_1,\boldsymbol{e}_2,\cdots,\boldsymbol{e}_n$ 的线性相关性.

解　记 $\boldsymbol{E}=(\boldsymbol{e}_1,\boldsymbol{e}_2,\cdots,\boldsymbol{e}_n)$, 因 $R(\boldsymbol{E})=n$, 所以 $\boldsymbol{e}_1,\boldsymbol{e}_2,\cdots,\boldsymbol{e}_n$ 线性无关.

例 3.5 设 $\boldsymbol{\alpha}_1 = \begin{pmatrix} -1 \\ 3 \\ 1 \end{pmatrix}$, $\boldsymbol{\alpha}_2 = \begin{pmatrix} 2 \\ 1 \\ 0 \end{pmatrix}$, $\alpha_3 = \begin{pmatrix} 1 \\ 4 \\ 1 \end{pmatrix}$, 试判断向量组 $\boldsymbol{\alpha}_1, \boldsymbol{\alpha}_2, \boldsymbol{\alpha}_3$ 的线性相关性.

解法一 由 $\boldsymbol{A} = (\boldsymbol{\alpha}_1, \boldsymbol{\alpha}_2, \boldsymbol{\alpha}_3) = \begin{pmatrix} -1 & 2 & 1 \\ 3 & 1 & 4 \\ 1 & 0 & 1 \end{pmatrix} \xrightarrow{r} \begin{pmatrix} 1 & 0 & 1 \\ 0 & 1 & 1 \\ 0 & 0 & 0 \end{pmatrix}$, 得 $R(\boldsymbol{\alpha}_1, \boldsymbol{\alpha}_2, \boldsymbol{\alpha}_3) = 2 < 3$. 因此, 向量组 $\boldsymbol{\alpha}_1, \boldsymbol{\alpha}_2, \boldsymbol{\alpha}_3$ 线性相关.

解法二 因 $|\boldsymbol{A}| = \begin{vmatrix} -1 & 2 & 1 \\ 3 & 1 & 4 \\ 1 & 0 & 1 \end{vmatrix} = 0$, 所以 $R(\boldsymbol{A}) < 3$, 故向量组 $\boldsymbol{\alpha}_1, \boldsymbol{\alpha}_2, \boldsymbol{\alpha}_3$ 线性相关.

例 3.6 设向量组 $\boldsymbol{\alpha}_1, \boldsymbol{\alpha}_2, \cdots, \boldsymbol{\alpha}_s (s \geqslant 2)$ 线性无关, 向量组 $\boldsymbol{\beta}_1 = \boldsymbol{\alpha}_1 + \boldsymbol{\alpha}_2$, $\boldsymbol{\beta}_2 = \boldsymbol{\alpha}_2 + \boldsymbol{\alpha}_3, \cdots, \boldsymbol{\beta}_{s-1} = \boldsymbol{\alpha}_{s-1} + \boldsymbol{\alpha}_s$, $\boldsymbol{\beta}_s = \boldsymbol{\alpha}_s + \boldsymbol{\alpha}_1$, 试确定向量组 $\boldsymbol{\beta}_1, \boldsymbol{\beta}_2, \cdots, \boldsymbol{\beta}_s$ 的线性相关性.

解法一 设有一组数 $k_1, k_2, \cdots, k_s$, 使得 $k_1\boldsymbol{\beta}_1 + k_2\boldsymbol{\beta}_2 + \cdots + k_s\boldsymbol{\beta}_s = \boldsymbol{0}$, 即

$$k_1(\boldsymbol{\alpha}_1 + \boldsymbol{\alpha}_2) + k_2(\boldsymbol{\alpha}_2 + \boldsymbol{\alpha}_3) + \cdots + k_s(\boldsymbol{\alpha}_s + \boldsymbol{\alpha}_1) = \boldsymbol{0},$$

$$(k_1 + k_s)\boldsymbol{\alpha}_1 + (k_1 + k_2)\boldsymbol{\alpha}_2 + \cdots + (k_{s-1} + k_s)\boldsymbol{\alpha}_s = \boldsymbol{0}.$$

由于 $\boldsymbol{\alpha}_1, \boldsymbol{\alpha}_2, \cdots, \boldsymbol{\alpha}_s$ 线性无关, 有

$$\begin{cases} k_1 + k_s = 0, \\ k_1 + k_2 = 0, \\ \cdots\cdots \\ k_{s-1} + k_s = 0. \end{cases} \tag{$*$}$$

因 $|\boldsymbol{K}| = \begin{vmatrix} 1 & 0 & \cdots & 0 & 1 \\ 1 & 1 & \cdots & 0 & 0 \\ \vdots & \vdots & & \vdots & \vdots \\ 0 & 0 & \cdots & 1 & 1 \end{vmatrix} = 1 + (-1)^{1+s}$, 故当 s 为偶数时, $|\boldsymbol{K}| = 0$. 方程组 $(*)$ 有非零解, 从而向量组 $\boldsymbol{\beta}_1, \boldsymbol{\beta}_2, \cdots, \boldsymbol{\beta}_s$ 线性相关; 当 s 为奇数时, $|\boldsymbol{K}| = 2 \neq 0$, $R(\boldsymbol{K}) = s$, 故方程组 $(*)$ 只有零解, 从而向量组 $\boldsymbol{\beta}_1, \boldsymbol{\beta}_2, \cdots, \boldsymbol{\beta}_s$ 线性无关.

解法二 因

$$(\boldsymbol{\beta}_1,\boldsymbol{\beta}_2,\cdots,\boldsymbol{\beta}_s)=(\boldsymbol{\alpha}_1,\boldsymbol{\alpha}_2,\cdots,\boldsymbol{\alpha}_s)\begin{pmatrix}1&0&\cdots&1\\1&1&\cdots&0\\0&1&\cdots&0\\\vdots&\vdots&&\vdots\\0&0&\cdots&1\end{pmatrix},$$

记为 $\boldsymbol{B}=\boldsymbol{AK}$.

矩阵 $\boldsymbol{K}$ 是一 s 阶方阵, 其行列式 $|\boldsymbol{K}|=\begin{vmatrix}1&0&\cdots&0&1\\1&1&\cdots&0&0\\\vdots&\vdots&&\vdots&\vdots\\0&0&\cdots&1&0\\0&0&\cdots&1&1\end{vmatrix}=1+(-1)^{1+s}$.

当 s 为偶数时, $|\boldsymbol{K}|=0$ 即 $R(\boldsymbol{K})<s$, 从而 $R(\boldsymbol{B})=R(\boldsymbol{AK})\leqslant R(\boldsymbol{K})<s$. 因此, 向量组 $\boldsymbol{\beta}_1,\boldsymbol{\beta}_2,\cdots,\boldsymbol{\beta}_s$ 线性相关. 当 s 为奇数时, $|\boldsymbol{K}|=2\neq 0$, $R(K)=s$. 由向量组 $\boldsymbol{\alpha}_1,\boldsymbol{\alpha}_2,\cdots,\boldsymbol{\alpha}_s$ 的线性无关性, 有 $R(\boldsymbol{B})=R(\boldsymbol{AK})=R(\boldsymbol{A})=s$. 因此, 向量组 $\boldsymbol{\beta}_1,\boldsymbol{\beta}_2,\cdots,\boldsymbol{\beta}_s$ 线性无关.

例 3.7　设向量组 $\boldsymbol{\alpha}_1,\boldsymbol{\alpha}_2,\boldsymbol{\alpha}_3$ 线性相关, 向量组 $\boldsymbol{\alpha}_2,\boldsymbol{\alpha}_3,\boldsymbol{\alpha}_4$ 线性无关. 证明: (1) $\boldsymbol{\alpha}_1$ 能由 $\boldsymbol{\alpha}_2,\boldsymbol{\alpha}_3$ 线性表示; (2) $\boldsymbol{\alpha}_4$ 不能由 $\boldsymbol{\alpha}_1,\boldsymbol{\alpha}_2,\boldsymbol{\alpha}_3$ 线性表示.

证明　(1) 因 $\boldsymbol{\alpha}_2,\boldsymbol{\alpha}_3,\boldsymbol{\alpha}_4$ 线性无关, 则 $\boldsymbol{\alpha}_2,\boldsymbol{\alpha}_3$ 也线性无关. 又 $\boldsymbol{\alpha}_1,\boldsymbol{\alpha}_2,\boldsymbol{\alpha}_3$ 线性相关, 故 $\boldsymbol{\alpha}_1$ 可由 $\boldsymbol{\alpha}_2,\boldsymbol{\alpha}_3$ 线性表示.

(2) (用反证法) 假设 $\boldsymbol{\alpha}_4$ 能由 $\boldsymbol{\alpha}_1,\boldsymbol{\alpha}_2,\boldsymbol{\alpha}_3$ 线性表示, 由于 $\boldsymbol{\alpha}_1$ 可由 $\boldsymbol{\alpha}_2,\boldsymbol{\alpha}_3$ 线性表示, 故 $\boldsymbol{\alpha}_4$ 可由 $\boldsymbol{\alpha}_2,\boldsymbol{\alpha}_3$ 线性表示, 这与 $\boldsymbol{\alpha}_2,\boldsymbol{\alpha}_3,\boldsymbol{\alpha}_4$ 线性无关矛盾. 故 $\boldsymbol{\alpha}_4$ 不能由 $\boldsymbol{\alpha}_1,\boldsymbol{\alpha}_2,\boldsymbol{\alpha}_3$ 线性表示.

3.3　向量组的秩

定义 3.5　设向量组 $A_0:\boldsymbol{\alpha}_1,\boldsymbol{\alpha}_2,\cdots,\boldsymbol{\alpha}_r$ 是向量组 A 的一个部分向量组, 如果满足

(1) 向量组 $A_0:\boldsymbol{\alpha}_1,\boldsymbol{\alpha}_2,\cdots,\boldsymbol{\alpha}_r$ 线性无关;

(2) 向量组 A 中任意 $r+1$ 个向量 (如果存在的话) 都线性相关, 则称向量组 A_0 是向量组 A 的一个**极大线性无关向量组**(简称**极大无关组**). 极大无关组所含向量个数 r 称为向量组 A 的**秩**, 记作 R_A 或 $R(A)$.

由于一个非零向量本身线性无关, 故包含非零向量的向量组一定存在极大无关组; 而仅含零向量的向量组不存在极大无关组, 规定它的秩为 0. 特别地, 如果一个向量组线性无关, 则其极大无关组就是该向量组本身. 因此, 有以下定理:

定理 7　(1) 向量组 $A:\boldsymbol{\alpha}_1,\boldsymbol{\alpha}_2,\cdots,\boldsymbol{\alpha}_m$ 线性无关的充分必要条件是向量组 $A:\boldsymbol{\alpha}_1,\boldsymbol{\alpha}_2,\cdots,\boldsymbol{\alpha}_m$ 的秩等于 m;

(2) 向量组 $A:\boldsymbol{\alpha}_1,\boldsymbol{\alpha}_2,\cdots,\boldsymbol{\alpha}_m$ 线性相关的充分必要条件是向量组 $A:\boldsymbol{\alpha}_1,\boldsymbol{\alpha}_2,\cdots,\boldsymbol{\alpha}_m$ 的秩小于 m.

[注]　向量组的极大无关组可能不止一个, 但由 3.2 节推论 3 知, 其所含向量的个数是相同的.

例 3.8　设 $\boldsymbol{\alpha}_1=\begin{pmatrix}1\\1\\1\end{pmatrix}, \boldsymbol{\alpha}_2=\begin{pmatrix}0\\2\\5\end{pmatrix}, \boldsymbol{\alpha}_3=\begin{pmatrix}2\\4\\7\end{pmatrix}$. 求向量组 $\boldsymbol{\alpha}_1,\boldsymbol{\alpha}_2,\boldsymbol{\alpha}_3$ 的极大无关组.

解　由

$$\boldsymbol{A}=(\boldsymbol{\alpha}_1,\boldsymbol{\alpha}_2,\boldsymbol{\alpha}_3)=\begin{pmatrix}1&0&2\\1&2&4\\1&5&7\end{pmatrix}\to\begin{pmatrix}1&0&2\\0&1&1\\0&0&0\end{pmatrix}$$

知 $R(\boldsymbol{\alpha}_2,\boldsymbol{\alpha}_3)=2$, $R(\boldsymbol{\alpha}_1,\boldsymbol{\alpha}_2)=2$, $R(\boldsymbol{\alpha}_1,\boldsymbol{\alpha}_3)=2$, $R(\boldsymbol{\alpha}_1,\boldsymbol{\alpha}_2,\boldsymbol{\alpha}_3)=2<3$. 故 $\boldsymbol{\alpha}_1,\boldsymbol{\alpha}_2$ 和 $\boldsymbol{\alpha}_1,\boldsymbol{\alpha}_3$ 与 $\boldsymbol{\alpha}_2,\boldsymbol{\alpha}_3$ 都是向量组 $\boldsymbol{\alpha}_1,\boldsymbol{\alpha}_2,\boldsymbol{\alpha}_3$ 的极大无关组.

第 2 章中, 我们介绍了矩阵的秩的定义及其求法. 那么, 矩阵的秩与矩阵的列 (行) 向量组的秩有何联系? 设矩阵 $\boldsymbol{A}$ 的秩为 r, 即 $R(\boldsymbol{A})=r$. 由矩阵的秩的定义, 在矩阵 $\boldsymbol{A}$ 中至少存在一 r 阶子式不等于零, 而且所有的 $r+1$ 阶子式 (如果存在) 全为零. 由定理 4 知, 矩阵 $\boldsymbol{A}$ 中包含这个 r 阶非零子式的列 (行) 向量组线性无关, 且任意 $r+1$ 个列 (行) 向量所构成的向量组线性相关. 因此, 矩阵 $\boldsymbol{A}$ 中包含这个 r 阶非零子式的列 (行) 向量组就是矩阵 $\boldsymbol{A}$ 的列 (行) 向量组的一个极大无关组. 这样, 便有以下定理.

定理 8　矩阵的秩等于它的列向量组的秩, 也等于它的行向量组的秩.

向量组 $\boldsymbol{\alpha}_1,\boldsymbol{\alpha}_2,\cdots,\boldsymbol{\alpha}_m$ 的秩也记作 $R(\boldsymbol{\alpha}_1,\boldsymbol{\alpha}_2,\cdots,\boldsymbol{\alpha}_m)$. 由例 3.4 知, n 维基本单位向量组 $\boldsymbol{e}_1,\boldsymbol{e}_2,\cdots,\boldsymbol{e}_n$ 是全体 n 维向量构成的向量组 $\mathbf{R}^n$ 的一个极大无关组, 而且任意 n 个线性无关的 n 维向量构成的向量组都是 $\mathbf{R}^n$ 的极大无关组.

由向量组的等价性与极大无关组的定义可以得到: 向量组 A 与它的极大无关组 A_0: $\boldsymbol{\alpha}_1,\cdots,\boldsymbol{\alpha}_r$ 是等价的. 这是因为向量组 A_0 是向量组 A 的一个部分组, 故向量组 A_0 可由向量组 A 线性表示; 另一方面对向量组 A 中任一向量 $\boldsymbol{\alpha}$, $r+1$ 个向量 $\boldsymbol{\alpha}_1,\cdots,\boldsymbol{\alpha}_r,\boldsymbol{\alpha}$ 线性相关, 而 $\boldsymbol{\alpha}_1,\cdots,\boldsymbol{\alpha}_r$ 线性无关. 由定理 5(3) 得, 向量 $\boldsymbol{\alpha}$ 可由向量组 A_0: $\boldsymbol{\alpha}_1,\cdots,\boldsymbol{\alpha}_r$ 线性表示. 故向量组 A 可由向量组 $\boldsymbol{A}_0$ 线性表示, 所以向量组 A 与向量组 A_0 等价.

推论 4　(极大无关组的等价定义) 设向量组 $A_0:\boldsymbol{\alpha}_1,\boldsymbol{\alpha}_2,\cdots,\boldsymbol{\alpha}_r$ 是向量组 A 的一个部分向量组, 且满足

(1) 向量组 A_0 线性无关;

(2) 向量组 A 中任一向量都能由向量组 A_0 线性表示.

则向量组 A_0 是向量组 A 的一个极大无关组.

利用定理 8、定理 2 和定理 3 也可叙述为

定理 2′ 若向量组 $B:\boldsymbol{\beta}_1,\boldsymbol{\beta}_2,\cdots,\boldsymbol{\beta}_t$ 可由向量组 $A:\boldsymbol{\alpha}_1,\boldsymbol{\alpha}_2,\cdots,\boldsymbol{\alpha}_s$ 线性表示的充分必要条件是 $R(\boldsymbol{\alpha}_1,\boldsymbol{\alpha}_2,\cdots,\boldsymbol{\alpha}_s)=R(\boldsymbol{\alpha}_1,\boldsymbol{\alpha}_2,\cdots,\boldsymbol{\alpha}_s,\boldsymbol{\beta}_1,\boldsymbol{\beta}_2,\cdots,\boldsymbol{\beta}_t)$.

定理 3′ 若向量组 $B:\boldsymbol{\beta}_1,\boldsymbol{\beta}_2,\cdots,\boldsymbol{\beta}_t$ 能由向量组 $A:\boldsymbol{\alpha}_1,\boldsymbol{\alpha}_2,\cdots,\boldsymbol{\alpha}_s$ 线性表示, 则 $R(\boldsymbol{\beta}_1,\boldsymbol{\beta}_2,\cdots,\boldsymbol{\beta}_t)\leqslant R(\boldsymbol{\alpha}_1,\boldsymbol{\alpha}_2,\cdots,\boldsymbol{\alpha}_s)$.

例 3.9 设向量组 B 能由向量组 A 线性表示, 且它们的秩相等. 证明：向量组 A 与向量组 B 等价.

证明 设向量组 A 和 B 合并为向量组 $\boldsymbol{C}$, 根据定理 2, 因向量组 B 能由向量组 A 线性表示, 故 $R(A)=R(C)$. 又 $R(B)=R(A)$, 故有 $R(A)=R(B)=R(C)$. 根据定理 2 的推论, 向量组 A 与向量组 B 等价.

例 3.10 设矩阵 $\boldsymbol{A}=\begin{pmatrix}2&3&1&4\\1&-1&3&-3\\3&2&4&1\\-1&0&-2&1\end{pmatrix}$, 求矩阵 $\boldsymbol{A}$ 的列向量组的一个极大无关组, 并将其余列向量用此极大无关组线性表示.

解 设 $\boldsymbol{\alpha}_1=(2,1,3,-1)^{\mathrm{T}}$, $\boldsymbol{\alpha}_2=(3,-1,2,0)^{\mathrm{T}}$, $\boldsymbol{\alpha}_3=(1,3,4,-2)^{\mathrm{T}}$, $\boldsymbol{\alpha}_4=(4,-3,1,1)^{\mathrm{T}}$.

对矩阵 $\boldsymbol{A}$ 施行初等行变换, 将其化为行最简单形, 有

$$\boldsymbol{A}=\begin{pmatrix}2&3&1&4\\1&-1&3&-3\\3&2&4&1\\-1&0&-2&1\end{pmatrix}\to\begin{pmatrix}1&-1&3&-3\\0&5&-5&10\\0&5&-5&10\\0&-1&1&-2\end{pmatrix}\to\begin{pmatrix}1&0&2&-1\\0&1&-1&2\\0&0&0&0\\0&0&0&0\end{pmatrix},$$

因此, $\boldsymbol{\alpha}_1,\boldsymbol{\alpha}_2$ 为矩阵 $\boldsymbol{A}$ 的列向量组的一个极大无关组, 且 $\boldsymbol{\alpha}_3=2\boldsymbol{\alpha}_1-\boldsymbol{\alpha}_2$, $\boldsymbol{\alpha}_4=-\boldsymbol{\alpha}_1+2\boldsymbol{\alpha}_2$.

3.4 向量空间

定义 3.6 设 V 是 n 维向量的集合, 如果集合 V 非空, 且集合 V 对向量的加法及数乘两种运算封闭, 则称集合 V 为**向量空间**.

所谓封闭, 是指在集合 V 中可以进行加法及数乘两种运算, 具体地说就是：对任意 $\boldsymbol{\alpha}\in V,\boldsymbol{\beta}\in V$, 有 $\boldsymbol{\alpha}+\boldsymbol{\beta}\in V$; 对任意 $\boldsymbol{\alpha}\in V$, $\lambda\in\mathbf{R}$, 有 $\lambda\boldsymbol{\alpha}\in V$.

例 3.11 集合 $V=\{(0,x_2,x_3,\cdots,x_n)^{\mathrm{T}}|x_2,x_3,\cdots,x_n\in\mathbf{R}\}$ 是一向量空间.

事实上, $(0,0,\cdots,0)^{\mathrm{T}}\in V$, 即 $V\neq\varnothing$, 且对任意向量 $\boldsymbol{\alpha}=(0,x_2,x_3,\cdots,x_n)^{\mathrm{T}}\in V$, $\boldsymbol{\beta}=(0,y_2,y_3,\cdots,y_n)^{\mathrm{T}}\in V$ 及数 λ, 有

$$\boldsymbol{\alpha}+\boldsymbol{\beta}=(0,x_2+y_2,x_3+y_3,\cdots,x_n+y_n)^{\mathrm{T}}\in V,$$

$$\lambda\boldsymbol{\alpha}=(0,\lambda x_2,\lambda x_3,\cdots,\lambda x_n)^{\mathrm{T}}\in V.$$

因此, $V=\{(0,x_2,x_3,\cdots,x_n)^{\mathrm{T}}|x_2,x_3,\cdots,x_n\in\mathbf{R}\}$ 是一向量空间.

例 3.12 集合 $V=\{(1,x_2,x_3,\cdots,x_n)^{\mathrm{T}}|x_2,x_3,\cdots,x_n\in\mathbf{R}\}$ 不是向量空间.

事实上, 对向量 $\boldsymbol{\alpha}=(1,x_2,x_3,\cdots,x_n)^{\mathrm{T}}\in V$, 而 $2\boldsymbol{\alpha}=(2,2x_2,2x_3,\cdots,2x_n)^{\mathrm{T}}\notin V$, 即 V 关于数乘运算不封闭. 因此, $V=\{(1,x_2,x_3,\cdots,x_n)^{\mathrm{T}}|x_2,x_3,\cdots,x_n\in\mathbf{R}\}$ 不是向量空间.

例 3.13 设 $\boldsymbol{\alpha},\boldsymbol{\beta}$ 为两个已知的 n 维向量, 集合 $L=\{\boldsymbol{x}=\lambda\boldsymbol{\alpha}+\mu\boldsymbol{\beta}|\lambda,\mu\in\mathrm{R}\}$ 是一个向量空间, 称其为由**向量 $\boldsymbol{\alpha},\boldsymbol{\beta}$ 所生成的向量空间**.

事实上, 当 $\lambda=1$, $\mu=0$ 时, $\boldsymbol{\alpha}\in L$, 即 $L\neq\varnothing$. 且对任意 $\boldsymbol{x}_1=\lambda_1\boldsymbol{\alpha}+\mu_1\boldsymbol{\beta}\in L$, $\boldsymbol{x}_2=\lambda_2\boldsymbol{\alpha}+\mu_2\boldsymbol{\beta}\in L$, 有

$$\begin{aligned}&\boldsymbol{x}_1+\boldsymbol{x}_2=(\lambda_1\boldsymbol{\alpha}+\mu_1\boldsymbol{\beta})+(\lambda_2\boldsymbol{\alpha}+\mu_2\boldsymbol{\beta})=(\lambda_1+\lambda_2)\boldsymbol{\alpha}+(\mu_1+\mu_2)\boldsymbol{\beta}\in L,\\&k\boldsymbol{x}_1=(k\lambda_1)\boldsymbol{\alpha}+(k\mu_1)\boldsymbol{\beta}\in L.\end{aligned}$$

从而, $L=\{\boldsymbol{x}=\lambda\boldsymbol{\alpha}+\mu\boldsymbol{\beta}|\lambda,\mu\in\mathbf{R}\}$ 是一个向量空间.

一般地, 由**向量组 $\boldsymbol{\alpha}_1,\boldsymbol{\alpha}_2,\cdots,\boldsymbol{\alpha}_m$ 所生成的向量空间**为

$$L=\{\boldsymbol{x}=\lambda_1\boldsymbol{\alpha}_1+\lambda_2\boldsymbol{\alpha}_2+\cdots+\lambda_m\boldsymbol{\alpha}_m|\lambda_1,\lambda_2,\cdots,\lambda_m\in\mathbf{R}\}.$$

例 3.14 设向量组 $\boldsymbol{\alpha}_1,\boldsymbol{\alpha}_2,\cdots,\boldsymbol{\alpha}_m$ 与向量组 $\boldsymbol{\beta}_1,\boldsymbol{\beta}_2,\cdots,\boldsymbol{\beta}_s$ 等价. 记

$$L_1=\{\boldsymbol{x}=\lambda_1\boldsymbol{\alpha}_1+\lambda_2\boldsymbol{\alpha}_2+\cdots+\lambda_m\boldsymbol{\alpha}_m|\lambda_1,\lambda_2,\cdots,\lambda_m\in\mathbf{R}\},$$

$$L_2=\{\boldsymbol{x}=\mu_1\boldsymbol{\beta}_1+\mu_2\boldsymbol{\beta}_2+\cdots+\mu_s\boldsymbol{\beta}_s|\mu_1,\mu_2,\cdots,\mu_s\in\mathbf{R}\}.$$

试证: $L_1=L_2$.

证明 设 $\boldsymbol{x}\in L_1$, 则 $\boldsymbol{x}$ 可由 $\boldsymbol{\alpha}_1,\boldsymbol{\alpha}_2,\cdots,\boldsymbol{\alpha}_m$ 线性表示. 因 $\boldsymbol{\alpha}_1,\boldsymbol{\alpha}_2,\cdots,\boldsymbol{\alpha}_m$ 可由 $\boldsymbol{\beta}_1,\boldsymbol{\beta}_2,\cdots,\boldsymbol{\beta}_s$ 线性表示, 故 $\boldsymbol{x}$ 可由 $\boldsymbol{\beta}_1,\boldsymbol{\beta}_2,\cdots,\boldsymbol{\beta}_s$ 线性表示, 则 $\boldsymbol{x}\in L_2$, 即 $L_1\subset L_2$. 同理可证 $L_2\subset L_1$. 因此, $L_1=L_2$.

定义 3.7 设有向量空间 V_1 及 V_2, 若 $V_1\subset V_2$, 则称 V_1 是 V_2 的**子空间**.

定义 3.8 设 V 为向量空间, 如果 r 个向量 $\boldsymbol{\alpha}_1,\boldsymbol{\alpha}_2,\cdots,\boldsymbol{\alpha}_r\in V$, 且满足

(1) $\boldsymbol{\alpha}_1,\boldsymbol{\alpha}_2,\cdots,\boldsymbol{\alpha}_r$ 线性无关;

(2) V 中任一向量 $\boldsymbol{\alpha}$ 都可由 $\boldsymbol{\alpha}_1,\boldsymbol{\alpha}_2,\cdots,\boldsymbol{\alpha}_r$ 线性表示.
则称向量组 $\boldsymbol{\alpha}_1,\boldsymbol{\alpha}_2,\cdots,\boldsymbol{\alpha}_r$ 为向量空间 V 的**一个基**. r 为向量空间 V 的**维数**, 记为 $\dim V=r$, 并称 V 为 **r 维向量空间**.

0 维向量空间只含一个零向量. 任意 n 个线性无关的 n 维向量都是向量空间 $\mathbf{R}^n$ 的一个基, 由此可知 $\mathbf{R}^n$ 的维数为 n. 所以, 把 $\mathbf{R}^n$ 称为 n 维向量空间.

又如, 向量空间 $V=\{\boldsymbol{x}=(0,x_2,\cdots,x_n)^{\mathrm{T}}\,|x_2,\cdots,x_n\in\mathbf{R}\}$ 的一个基可取为 $\boldsymbol{e}_2=(0,1,0,\cdots,0)^{\mathrm{T}},\cdots,\boldsymbol{e}_n=(0,0,0,\cdots,1)^{\mathrm{T}}$. 并由此可知它是 $n-1$ 维向量空间, 即 $\dim V=n-1$.

因向量组 $\boldsymbol{\alpha}_1,\boldsymbol{\alpha}_2,\cdots,\boldsymbol{\alpha}_m$ 与它的任意一个极大无关组等价, 由例 3.14 知, 由向量组 $\boldsymbol{\alpha}_1,\boldsymbol{\alpha}_2,\cdots,\boldsymbol{\alpha}_m$ 生成的向量空间 L 与由它的任意一个极大无关组生成的向量空间相等. 因此, 向量组 $\boldsymbol{\alpha}_1,\boldsymbol{\alpha}_2,\cdots,\boldsymbol{\alpha}_m$ 的任意一个别极大无关组都是 L 的一个基, 向量组 $\boldsymbol{\alpha}_1,\boldsymbol{\alpha}_2,\cdots,\boldsymbol{\alpha}_m$ 的秩就是 L 的维数.

若向量组 $\boldsymbol{\alpha}_1,\boldsymbol{\alpha}_2,\cdots,\boldsymbol{\alpha}_r$ 是向量空间 V 的一个基, 则 V 可表示为

$$V=\{\boldsymbol{x}=\lambda_1\boldsymbol{\alpha}_1+\lambda_2\boldsymbol{\alpha}_2+\cdots+\lambda_r\boldsymbol{\alpha}_r|\lambda_1,\lambda_2,\cdots,\lambda_r\in\mathbf{R}\},$$

即 V 是由基生成的向量空间.

设 $\boldsymbol{\alpha}_1,\boldsymbol{\alpha}_2,\cdots,\boldsymbol{\alpha}_r$ 是向量空间 V 的一个基, 那么 V 中任一向量 $\boldsymbol{x}$ 可唯一地表示为 $\boldsymbol{x}=\lambda_1\boldsymbol{\alpha}_1+\cdots+\lambda_r\boldsymbol{\alpha}_r$, 数组 $\lambda_1,\lambda_2,\cdots,\lambda_r$ 称为向量 $\boldsymbol{x}$ 在基 $\boldsymbol{\alpha}_1,\boldsymbol{\alpha}_2,\cdots,\boldsymbol{\alpha}_r$ 下的坐标.

特别地, 在 $\mathbf{R}^n$ 中取基本单位向量组 $\boldsymbol{e}_1,\boldsymbol{e}_2,\cdots,\boldsymbol{e}_n$ 为基, 则以 $x_1,x_2,\cdots,x_n$ 为分量的向量 $\boldsymbol{x}$ 可表示为 $\boldsymbol{x}=x_1\boldsymbol{e}_1+x_2\boldsymbol{e}_2+\cdots+x_n\boldsymbol{e}_n$. 可见, 向量 $\boldsymbol{x}$ 在基 $\boldsymbol{e}_1,\boldsymbol{e}_2,\cdots,\boldsymbol{e}_n$ 下的坐标就是该向量的分量, 称 $\boldsymbol{e}_1,\boldsymbol{e}_2,\cdots,\boldsymbol{e}_n$ 为 $\mathbf{R}^n$ 的自然基.

例 3.15　设 $\boldsymbol{A}=(\boldsymbol{\alpha}_1,\boldsymbol{\alpha}_2,\boldsymbol{\alpha}_3)=\begin{pmatrix}2&1&-1\\1&-1&0\\-1&0&2\end{pmatrix}$, $\boldsymbol{B}=(\boldsymbol{\beta}_1,\boldsymbol{\beta}_2)=\begin{pmatrix}-1&1\\0&-3\\1&2\end{pmatrix}$, 验证: $\boldsymbol{\alpha}_1,\boldsymbol{\alpha}_2,\boldsymbol{\alpha}_3$ 是 $\mathbf{R}^3$ 的一个基, 并求 $\boldsymbol{\beta}_1,\boldsymbol{\beta}_2$ 在这个基下的坐标.

解　要证 $\boldsymbol{\alpha}_1,\boldsymbol{\alpha}_2,\boldsymbol{\alpha}_3$ 是 $\mathbf{R}^3$ 的一个基, 只需证 $\boldsymbol{\alpha}_1,\boldsymbol{\alpha}_2,\boldsymbol{\alpha}_3$ 线性无关, 即只要证 $\boldsymbol{A}\sim\boldsymbol{E}$.

设 $\boldsymbol{\beta}_1=x_{11}\boldsymbol{\alpha}_1+x_{21}\boldsymbol{\alpha}_2+x_{31}\boldsymbol{\alpha}_3$, $\boldsymbol{\beta}_2=x_{12}\boldsymbol{\alpha}_1+x_{22}\boldsymbol{\alpha}_2+x_{32}\boldsymbol{\alpha}_3$, 即

$$(\boldsymbol{\beta}_1,\boldsymbol{\beta}_2)=(\boldsymbol{\alpha}_1,\boldsymbol{\alpha}_2,\boldsymbol{\alpha}_3)\begin{pmatrix}x_{11}&x_{12}\\x_{21}&x_{22}\\x_{31}&x_{32}\end{pmatrix},$$

记作 $\boldsymbol{B}=\boldsymbol{A}\boldsymbol{X}$. 当矩阵 $\boldsymbol{A}$ 可逆时, 有 $\boldsymbol{X}=\boldsymbol{A}^{-1}\boldsymbol{B}$. 由

$$(\boldsymbol{A},\boldsymbol{B})=\begin{pmatrix}2&1&-1&-1&1\\1&-1&0&0&-3\\-1&0&2&1&2\end{pmatrix}\to\begin{pmatrix}1&-1&0&0&-3\\0&3&-1&-1&7\\0&-1&2&1&-1\end{pmatrix}$$

$$\to\begin{pmatrix}1&-1&0&0&-3\\0&1&-2&-1&1\\0&0&1&\frac{2}{5}&\frac{4}{5}\end{pmatrix}\to\begin{pmatrix}1&0&0&-\frac{1}{5}&-\frac{2}{5}\\0&1&0&-\frac{1}{5}&\frac{13}{5}\\0&0&1&\frac{2}{5}&\frac{4}{5}\end{pmatrix},$$

得 $\boldsymbol{A}\sim\boldsymbol{E}$, 故 $\boldsymbol{\alpha}_1,\boldsymbol{\alpha}_2,\boldsymbol{\alpha}_3$ 是 $\mathbf{R}^3$ 的一个基, 且

$$(\boldsymbol{\beta}_1,\boldsymbol{\beta}_2)=(\boldsymbol{\alpha}_1,\boldsymbol{\alpha}_2,\boldsymbol{\alpha}_3)\begin{pmatrix}-\frac{1}{5}&-\frac{2}{5}\\-\frac{1}{5}&\frac{13}{5}\\\frac{2}{5}&\frac{4}{5}\end{pmatrix},$$

即 $\boldsymbol{\beta}_1,\boldsymbol{\beta}_2$ 在 $\boldsymbol{\alpha}_1,\boldsymbol{\alpha}_2,\boldsymbol{\alpha}_3$ 下的坐标依次为 $-\frac{1}{5},-\frac{1}{5},\frac{2}{5}$ 和 $-\frac{2}{5},\frac{13}{5},\frac{4}{5}$.

例 3.16 验证 $\boldsymbol{\alpha}_1=(1,1,\cdots,1)^{\mathrm{T}}, \boldsymbol{\alpha}_2=(0,1,\cdots,1)^{\mathrm{T}},\cdots,\boldsymbol{\alpha}_n=(0,0,\cdots,0,1)^{\mathrm{T}}$ 为 $\mathbf{R}^n$ 的一个基, 并求 $\boldsymbol{\beta}=(a_1,a_2,\cdots,a_n)^{\mathrm{T}}$ 在 $\boldsymbol{\alpha}_1,\boldsymbol{\alpha}_2,\cdots,\boldsymbol{\alpha}_n$ 下的坐标.

解 与例 3.15 类似, 由

$$(\boldsymbol{A},\boldsymbol{\beta})=\begin{pmatrix}1&0&\cdots&0&0&a_1\\1&1&\cdots&0&0&a_2\\\vdots&\vdots&&\vdots&\vdots&\vdots\\1&1&\cdots&1&0&a_{n-1}\\1&1&\cdots&1&1&a_n\end{pmatrix}\to\begin{pmatrix}1&0&\cdots&0&a_1\\0&1&\cdots&0&a_2-a_1\\\vdots&\vdots&&\vdots&\vdots\\0&0&\cdots&1&a_n-a_{n-1}\end{pmatrix}$$

得, $\boldsymbol{\alpha}_1,\boldsymbol{\alpha}_2,\cdots,\boldsymbol{\alpha}_n$ 是 $\mathbf{R}^n$ 的一个基, 且 $\boldsymbol{\beta}$ 在基 $\boldsymbol{\alpha}_1,\boldsymbol{\alpha}_2,\cdots,\boldsymbol{\alpha}_n$ 下的坐标依次为 $a_1,a_2-a_1,\cdots,a_n-a_{n-1}$.

设 $\boldsymbol{\alpha}_1,\boldsymbol{\alpha}_2,\cdots,\boldsymbol{\alpha}_n$ 与 $\boldsymbol{\beta}_1,\boldsymbol{\beta}_2,\cdots,\boldsymbol{\beta}_n$ 是 n 维向量空间 V 的两组基, 则

$$(\boldsymbol{\alpha}_1,\boldsymbol{\alpha}_2,\cdots,\boldsymbol{\alpha}_n)=(\boldsymbol{e}_1,\boldsymbol{e}_2,\cdots,\boldsymbol{e}_n)A,\quad(\boldsymbol{\beta}_1,\boldsymbol{\beta}_2,\cdots,\boldsymbol{\beta}_n)=(\boldsymbol{e}_1,\boldsymbol{e}_2,\cdots,\boldsymbol{e}_n)\boldsymbol{B}.$$

因矩阵 $\boldsymbol{A}$ 可逆, 由 $(\boldsymbol{\alpha}_1,\boldsymbol{\alpha}_2,\cdots,\boldsymbol{\alpha}_n)=(\boldsymbol{e}_1,\boldsymbol{e}_2,\cdots,\boldsymbol{e}_n)\boldsymbol{A}$, 有

$$(\boldsymbol{e}_1,\boldsymbol{e}_2,\cdots,\boldsymbol{e}_n)=(\boldsymbol{\alpha}_1,\boldsymbol{\alpha}_2,\cdots,\boldsymbol{\alpha}_n)\boldsymbol{A}^{-1}.$$

因此

$$(\boldsymbol{\beta}_1,\boldsymbol{\beta}_2,\cdots,\boldsymbol{\beta}_n)=(\boldsymbol{e}_1,\boldsymbol{e}_2,\cdots,\boldsymbol{e}_n)\boldsymbol{B}=(\boldsymbol{\alpha}_1,\boldsymbol{\alpha}_2,\cdots,\boldsymbol{\alpha}_n)\boldsymbol{A}^{-1}\boldsymbol{B}.$$

称矩阵 $\boldsymbol{A}^{-1}\boldsymbol{B}$ 为由基 $\boldsymbol{\alpha}_1,\boldsymbol{\alpha}_2,\cdots,\boldsymbol{\alpha}_n$ 到基 $\boldsymbol{\beta}_1,\boldsymbol{\beta}_2,\cdots,\boldsymbol{\beta}_n$ 的**过渡矩阵**.

若向量 $\boldsymbol{\alpha}\in V$ 在这两组基下的坐标分别为 $(x_1,x_2,\cdots,x_n)$ 和 $(y_1,y_2,\cdots,y_n)$, 即

$$\boldsymbol{\alpha}=(\boldsymbol{\alpha}_1,\boldsymbol{\alpha}_2,\cdots,\boldsymbol{\alpha}_n)\begin{pmatrix}x_1\\x_2\\\vdots\\x_n\end{pmatrix},$$

$$\boldsymbol{\alpha}=(\boldsymbol{\beta}_1,\boldsymbol{\beta}_2,\cdots,\boldsymbol{\beta}_n)\begin{pmatrix}y_1\\y_2\\\vdots\\y_n\end{pmatrix}=(\boldsymbol{\alpha}_1,\boldsymbol{\alpha}_2,\cdots,\boldsymbol{\alpha}_n)\boldsymbol{A}^{-1}\boldsymbol{B}\begin{pmatrix}y_1\\y_2\\\vdots\\y_n\end{pmatrix}.$$

故有

$$\begin{pmatrix}x_1\\x_2\\\vdots\\x_n\end{pmatrix}=\boldsymbol{A}^{-1}\boldsymbol{B}\begin{pmatrix}y_1\\y_2\\\vdots\\y_n\end{pmatrix}.$$

3.5 线性方程组解的结构

设 n 元齐次线性方程组

$$\begin{cases}a_{11}x_1+a_{12}x_2+\cdots+a_{1n}x_n=0,\\a_{21}x_1+a_{22}x_2+\cdots+a_{2n}x_n=0,\\\qquad\cdots\cdots\\a_{m1}x_1+a_{m2}x_2+\cdots+a_{mn}x_n=0.\end{cases}\tag{3.1}$$

其矩阵表示形式为

$$\boldsymbol{A}\boldsymbol{x}=\boldsymbol{0},\tag{3.2}$$

其中 $\boldsymbol{A}=(a_{ij})_{m\times n}$, $\boldsymbol{x}=(x_1,x_2,\cdots,x_n)^{\mathrm{T}}$. 若 $x_1=\xi_{11}$, $x_2=\xi_{21}$, $\cdots,x_n=\xi_{n1}$ 为方程组 (3.1) 的解, 则称 $\boldsymbol{x}=\boldsymbol{\xi}_1=\begin{pmatrix}\xi_{11}\\\xi_{21}\\\vdots\\\xi_{n1}\end{pmatrix}$ 为方程组 (3.1) 的**解向量**.

性质 1 若 $\boldsymbol{\xi}_1,\boldsymbol{\xi}_2$ 都是方程组 (3.1) 的解, 则 $\boldsymbol{\xi}_1+\boldsymbol{\xi}_2$ 也是方程组 (3.1) 的解.

证明 因 $\boldsymbol{A}(\boldsymbol{\xi}_1+\boldsymbol{\xi}_2)=\boldsymbol{A}\boldsymbol{\xi}_1+\boldsymbol{A}\boldsymbol{\xi}_2=\boldsymbol{0}+\boldsymbol{0}=\boldsymbol{0}$, 所以 $\boldsymbol{\xi}_1+\boldsymbol{\xi}_2$ 是方程组 (3.1) 的解.

性质 2 若 $\boldsymbol{\xi}_1$ 是方程组 (3.1) 的解, k 为实数, 则 $k\boldsymbol{\xi}_1$ 也是方程组 (3.1) 的解.

证明 因 $\boldsymbol{A}(k\boldsymbol{\xi}_1)=k(\boldsymbol{A}\boldsymbol{\xi}_1)=\boldsymbol{0}$, 所以 $k\boldsymbol{\xi}_1$ 是方程组 (3.1) 的解.

由性质 1、性质 2 知, 方程组 (3.1) 的全体解向量构成的集合 $S=\{\boldsymbol{x}|\boldsymbol{A}x=\boldsymbol{0}\}$ 对向量的线性运算封闭. 从而是一向量空间, 称其为齐次线性方程组 $\boldsymbol{Ax}=\boldsymbol{0}$ 的**解空间**.

设 $R(\boldsymbol{A})=r$, 不妨设矩阵 $\boldsymbol{A}$ 的前 r 个列向量线性无关, 于是 $\boldsymbol{A}$ 的行最简形矩阵为

$$\boldsymbol{B}=\begin{pmatrix} 1 & \cdots & 0 & b_{11} & \cdots & b_{1,n-r} \\ \vdots & & \vdots & \vdots & & \vdots \\ 0 & \cdots & 1 & b_{r1} & \cdots & b_{r,n-r} \\ 0 & \cdots & 0 & 0 & \cdots & 0 \\ \vdots & & \vdots & \vdots & & \vdots \\ 0 & \cdots & 0 & 0 & \cdots & 0 \end{pmatrix}.$$

与 $\boldsymbol{B}$ 对应, 即有方程组

$$\begin{cases} x_1=-b_{11}x_{r+1}-\cdots-b_{1,n-r}x_n, \\ \qquad\cdots\cdots \\ x_r=-b_{r1}x_{r+1}-\cdots-b_{r,n-r}x_n. \end{cases} \tag{3.3}$$

把 $x_{r+1},\cdots,x_n$ 作为自由未知数, 并令它们依次为 $c_1,\cdots,c_{n-r}$, 则可得方程组 (3.1) 的全部解

$$\begin{pmatrix} x_1 \\ x_2 \\ \vdots \\ x_r \\ x_{r+1} \\ x_{r+2} \\ \vdots \\ x_n \end{pmatrix}=c_1\begin{pmatrix} -b_{11} \\ -b_{21} \\ \vdots \\ -b_{r1} \\ 1 \\ 0 \\ \vdots \\ 0 \end{pmatrix}+c_2\begin{pmatrix} -b_{12} \\ -b_{22} \\ \vdots \\ -b_{r2} \\ 0 \\ 1 \\ \vdots \\ 0 \end{pmatrix}+\cdots+c_{n-r}\begin{pmatrix} -b_{1,n-r} \\ -b_{2,n-r} \\ \vdots \\ -b_{r,n-r} \\ 0 \\ 0 \\ \vdots \\ 1 \end{pmatrix},$$

把上式记作 $\boldsymbol{x}=c_1\boldsymbol{\xi}_1+c_2\boldsymbol{\xi}_2+\cdots+c_{n-r}\boldsymbol{\xi}_{n-r}$.

由此可知, 方程组的所有解 $\boldsymbol{x}$ 均可由 $\boldsymbol{\xi}_1,\boldsymbol{\xi}_2,\cdots,\boldsymbol{\xi}_{n-r}$ 线性表示. 又因矩阵 $(\boldsymbol{\xi}_1,\boldsymbol{\xi}_2,\cdots,\boldsymbol{\xi}_{n-r})$ 中有 $n-r$ 阶子式 $|\boldsymbol{E}_{n-r}|\neq 0$, 故 $R(\boldsymbol{\xi}_1,\boldsymbol{\xi}_2,\cdots,\boldsymbol{\xi}_{n-r})=n-r$,

所以 $\boldsymbol{\xi}_1,\boldsymbol{\xi}_2,\cdots,\boldsymbol{\xi}_{n-r}$ 线性无关. 根据向量空间基的定义, $\boldsymbol{\xi}_1,\boldsymbol{\xi}_2,\cdots,\boldsymbol{\xi}_{n-r}$ 是方程组 (3.1) 解空间的一个基, 称其为方程组 (3.1) 的**基础解系**. $\boldsymbol{\xi}_1,\boldsymbol{\xi}_2,\cdots,\boldsymbol{\xi}_{n-r}$ 的线性组合 $\boldsymbol{x}=c_1\boldsymbol{\xi}_1+c_2\boldsymbol{\xi}_2+\cdots+c_{n-r}\boldsymbol{\xi}_{n-r}(c_1,c_2,\cdots,c_{n-r}$ 为任意实数) 即为方程组 (3.1) 的全部解也称为**通解**. 由以上讨论, 有

定理 9　若 n 元齐次线性方程组 (3.1) 的系数矩阵 $\boldsymbol{A}$ 的秩 $R(\boldsymbol{A})=r<n$, 则该方程组的解空间 $S=\{\boldsymbol{x}|\boldsymbol{A}\boldsymbol{x}=\boldsymbol{0}\}$ 的维数为 $n-r$. 其解空间 V 可表示为

$$V=\{\boldsymbol{x}=c_1\boldsymbol{\xi}_1+c_2\boldsymbol{\xi}_2+\cdots+c_{n-r}\boldsymbol{\xi}_{n-r}|c_1,c_2,\cdots,c_{n-r}\in\mathbf{R}\}.$$

当 $R(\boldsymbol{A})=n$ 时, 方程组 (3.1) 只有零解, 没有基础解系.

例 3.17　求齐次线性方程组

$$\begin{cases}2x_1+x_2-x_3+x_4=0,\\4x_1+2x_2-2x_3+x_4=0,\\2x_1+x_2-x_3-x_4=0\end{cases}$$

的基础解系与通解.

解　对系数矩阵 $\boldsymbol{A}$ 施行初等行变换, 化为行最简形矩阵, 有

$$\boldsymbol{A}=\begin{pmatrix}2&1&-1&1\\4&2&-2&1\\2&1&-1&-1\end{pmatrix}\to\begin{pmatrix}2&1&-1&1\\0&0&0&-1\\0&0&0&0\end{pmatrix}\to\begin{pmatrix}1&\frac{1}{2}&-\frac{1}{2}&0\\0&0&0&1\\0&0&0&0\end{pmatrix},$$

则

$$\begin{cases}x_1=-\dfrac{1}{2}x_2+\dfrac{1}{2}x_3,\\x_4=0.\end{cases}$$

令 $\begin{pmatrix}x_2\\x_3\end{pmatrix}=\begin{pmatrix}1\\0\end{pmatrix}$ 及 $\begin{pmatrix}0\\1\end{pmatrix}$, 则对应有 $\begin{pmatrix}x_1\\x_4\end{pmatrix}=\begin{pmatrix}-\frac{1}{2}\\0\end{pmatrix}$ 及 $\begin{pmatrix}\frac{1}{2}\\0\end{pmatrix}$, 得基础解系

$$\boldsymbol{\xi}_1=\begin{pmatrix}-\frac{1}{2}\\1\\0\\0\end{pmatrix},\quad\boldsymbol{\xi}_2=\begin{pmatrix}\frac{1}{2}\\0\\1\\0\end{pmatrix}.$$

并由此得通解

$$\begin{pmatrix}x_1\\x_2\\x_3\\x_4\end{pmatrix}=c_1\begin{pmatrix}-\frac{1}{2}\\1\\0\\0\end{pmatrix}+c_2\begin{pmatrix}\frac{1}{2}\\0\\1\\0\end{pmatrix},$$

其中 c_1,c_2 为任意实数.

如果取 $\begin{pmatrix} x_1 \\ x_3 \end{pmatrix} = \begin{pmatrix} 1 \\ 0 \end{pmatrix}$ 及 $\begin{pmatrix} 0 \\ 1 \end{pmatrix}$, 对应得 $\begin{pmatrix} x_2 \\ x_4 \end{pmatrix} = \begin{pmatrix} -2 \\ 0 \end{pmatrix}$ 及 $\begin{pmatrix} 1 \\ 0 \end{pmatrix}$, 得不同的基础解系

$$\boldsymbol{\eta}_1 = \begin{pmatrix} 1 \\ -2 \\ 0 \\ 0 \end{pmatrix}, \quad \boldsymbol{\eta}_2 = \begin{pmatrix} 0 \\ 1 \\ 1 \\ 0 \end{pmatrix}.$$

从而得通解

$$\begin{pmatrix} x_1 \\ x_2 \\ x_3 \\ x_4 \end{pmatrix} = k_1 \begin{pmatrix} 1 \\ -2 \\ 0 \\ 0 \end{pmatrix} + k_2 \begin{pmatrix} 0 \\ 1 \\ 1 \\ 0 \end{pmatrix},$$

其中 k_1,k_2 为任意实数.

本例也说明了, 齐次线性方程组的基础解系不具有唯一性.

例 3.18 设 $\boldsymbol{A}_{m\times n}\boldsymbol{B}_{n\times l} = \boldsymbol{O}$, 证明: $R(\boldsymbol{A}) + R(\boldsymbol{B}) \leqslant n$.

证明 记 $\boldsymbol{B} = (\boldsymbol{b}_1, \boldsymbol{b}_2, \cdots, \boldsymbol{b}_l)$, 由 $\boldsymbol{A}_{m\times n}\boldsymbol{B}_{n\times l} = \boldsymbol{O}$, 得

$$\boldsymbol{A}(\boldsymbol{b}_1, \boldsymbol{b}_2, \cdots, \boldsymbol{b}_l) = (\boldsymbol{0}, \boldsymbol{0}, \cdots, \boldsymbol{0}),$$

即

$$\boldsymbol{A}\boldsymbol{b}_i = \boldsymbol{0}, \quad i = 1, 2, \cdots, l.$$

上式表明 $\boldsymbol{B}$ 的 l 个列向量都是齐次方程 $\boldsymbol{Ax} = \boldsymbol{0}$ 的解, 记 $\boldsymbol{Ax} = \boldsymbol{0}$ 的解集为 S, 由 $\boldsymbol{b}_i \in S$ 及定理 9 知 $R(\boldsymbol{b}_1, \boldsymbol{b}_1, \cdots, \boldsymbol{b}_l) \leqslant n - R(\boldsymbol{A})$, 即 $R(\boldsymbol{A}) + R(\boldsymbol{B}) \leqslant n$.

下面讨论非齐次线性方程组:

$$\begin{cases} a_{11}x_1 + a_{12}x_2 + \cdots + a_{1n}x_n = b_1, \\ a_{21}x_1 + a_{22}x_2 + \cdots + a_{2n}x_n = b_2, \\ \cdots \\ a_{m1}x_1 + a_{m2}x_2 + \cdots + a_{mn}x_n = b_m. \end{cases} \tag{3.4}$$

其矩阵表示形式

$$\boldsymbol{Ax} = \boldsymbol{b}, \tag{3.5}$$

对应的齐次线性方程组为 $\boldsymbol{Ax} = \boldsymbol{0}$.

性质 3 设 η_1, η_2 都是方程组 (3.4) 的解, 则 $\eta_1 - \eta_2$ 是对应的齐次线性方程组 $\boldsymbol{Ax} = \boldsymbol{0}$ 的解.

证明　因 $\boldsymbol{A}(\boldsymbol{\eta}_1-\boldsymbol{\eta}_2)=\boldsymbol{A}\boldsymbol{\eta}_1-\boldsymbol{A}\boldsymbol{\eta}_2=\boldsymbol{b}-\boldsymbol{b}=\boldsymbol{0}$, 所以 $\boldsymbol{\eta}_1-\boldsymbol{\eta}_2$ 是对应的齐次线性方程组 $\boldsymbol{Ax}=\boldsymbol{0}$ 的解.

性质 4　设 $\boldsymbol{\eta}^*$ 是非齐次线性方程组 (3.4) 的解, $\boldsymbol{\xi}$ 是对应的齐次线性方程组 $\boldsymbol{Ax}=\boldsymbol{0}$ 的解, 则 $\boldsymbol{\xi}+\boldsymbol{\eta}^*$ 是非齐次线性方程组 (3.4) 的解.

证明　因 $\boldsymbol{A}(\boldsymbol{\xi}+\boldsymbol{\eta}^*)=\boldsymbol{A}\boldsymbol{\xi}+\boldsymbol{A}\boldsymbol{\eta}^*=\boldsymbol{0}+\boldsymbol{b}=\boldsymbol{b}$, 所以 $\boldsymbol{\xi}+\boldsymbol{\eta}^*$ 是非齐次线性方程组 (3.4) 的解.

由性质 4 可知, 若求得非齐次线性方程组 (3.4) 的一个解 $\boldsymbol{\eta}^*$, 则非齐次线性方程组 (3.4) 的任一解总可表示为 $\boldsymbol{x}=\boldsymbol{\xi}+\boldsymbol{\eta}^*$, 其中 $\boldsymbol{\xi}$ 是其对应齐次线性方程组 $\boldsymbol{Ax}=\boldsymbol{0}$ 的解. 设 $\boldsymbol{\xi}_1,\boldsymbol{\xi}_2,\cdots,\boldsymbol{\xi}_{n-r}$ 为对应齐次线性方程组 $\boldsymbol{Ax}=\boldsymbol{0}$ 的一个基础解系, 则非齐次线性方程组 (3.4) 的全部解 (或通解) 可表示为

$$\boldsymbol{x}=c_1\boldsymbol{\xi}_1+c_2\boldsymbol{\xi}_2+\cdots+c_{n-r}\boldsymbol{\xi}_{n-r}+\boldsymbol{\eta}^*,$$

其中 $c_1,c_2,\cdots,c_{n-r}$ 为任意实数.

例 3.19　求下列非齐次线性方程组的通解

$$\begin{cases} x_1+x_2-3x_3-x_4=1, \\ 3x_1-x_2-3x_3+4x_4=4, \\ x_1+5x_2-9x_3-8x_4=0. \end{cases}$$

解　由 $\boldsymbol{B}=\begin{pmatrix} 1 & 1 & -3 & -1 & 1 \\ 3 & -1 & -3 & 4 & 4 \\ 1 & 5 & -9 & -8 & 0 \end{pmatrix} \to \begin{pmatrix} 1 & 1 & -3 & -1 & 1 \\ 0 & -4 & 6 & 7 & 1 \\ 0 & 0 & 0 & 0 & 0 \end{pmatrix}$

$$\to \begin{pmatrix} 1 & 0 & -\frac{3}{2} & \frac{3}{4} & \frac{5}{4} \\ 0 & 1 & -\frac{3}{2} & -\frac{7}{4} & -\frac{1}{4} \\ 0 & 0 & 0 & 0 & 0 \end{pmatrix}$$

得 $R(\boldsymbol{A})=R(\boldsymbol{B})=2$, 故方程组有无穷多解, 且原方程组等价于方程组

$$\begin{cases} x_1=\dfrac{3}{2}x_3-\dfrac{3}{4}x_4+\dfrac{5}{4}, \\ x_2=\dfrac{3}{2}x_3+\dfrac{7}{4}x_4-\dfrac{1}{4}. \end{cases}$$

令 $x_3=x_4=0$, 得

$$\boldsymbol{\eta}^*=\begin{pmatrix} \frac{5}{4} \\ -\frac{1}{4} \\ 0 \\ 0 \end{pmatrix}.$$

对应的齐次线性方程组的基础解系为

$$\boldsymbol{\xi}_1=\begin{pmatrix}\frac{3}{2}\\\frac{3}{2}\\1\\0\end{pmatrix},\quad \boldsymbol{\xi}_2=\begin{pmatrix}-\frac{3}{4}\\\frac{7}{4}\\0\\1\end{pmatrix}.$$

于是, 所求通解为

$$\begin{pmatrix}x_1\\x_2\\x_3\\x_4\end{pmatrix}=c_1\begin{pmatrix}\frac{3}{2}\\\frac{3}{2}\\1\\0\end{pmatrix}+c_2\begin{pmatrix}-\frac{3}{4}\\\frac{7}{4}\\0\\1\end{pmatrix}+\begin{pmatrix}\frac{5}{4}\\-\frac{1}{4}\\0\\0\end{pmatrix},$$

其中 c_1,c_2 为任意常数.

习　题　3

1. 已知向量组 $A:\boldsymbol{\alpha}_1=\begin{pmatrix}0\\1\\1\end{pmatrix},\boldsymbol{\alpha}_2=\begin{pmatrix}1\\1\\0\end{pmatrix}$; $B:\boldsymbol{\beta}_1=\begin{pmatrix}-1\\0\\1\end{pmatrix}$, $\boldsymbol{\beta}_2=\begin{pmatrix}1\\2\\1\end{pmatrix},\boldsymbol{\beta}_3=\begin{pmatrix}3\\2\\-1\end{pmatrix}$.

证明: 向量组 A 与向量组 B 等价.

2. 判定下列向量组的线性相关性.

(1) $\boldsymbol{\alpha}_1=\begin{pmatrix}3\\2\\0\end{pmatrix},\boldsymbol{\alpha}_2=\begin{pmatrix}-1\\2\\1\end{pmatrix}$;

(2) $\boldsymbol{\alpha}_1=\begin{pmatrix}1\\1\\-1\\1\end{pmatrix},\boldsymbol{\alpha}_2=\begin{pmatrix}1\\-1\\2\\-1\end{pmatrix}$,

$\boldsymbol{\alpha}_3=\begin{pmatrix}3\\1\\0\\1\end{pmatrix},\boldsymbol{\alpha}_4=\begin{pmatrix}1\\0\\-1\\2\end{pmatrix}$;

(3) $\boldsymbol{\alpha}_1=\begin{pmatrix}2\\1\\3\end{pmatrix},\boldsymbol{\alpha}_2=\begin{pmatrix}-3\\1\\1\end{pmatrix},\boldsymbol{\alpha}_3=\begin{pmatrix}1\\1\\-2\end{pmatrix}$.

3. 设向量组 $\boldsymbol{\alpha}_1=\begin{pmatrix}a\\2\\1\end{pmatrix},\boldsymbol{\alpha}_2=\begin{pmatrix}2\\a\\0\end{pmatrix},\boldsymbol{\alpha}_3=\begin{pmatrix}1\\-1\\1\end{pmatrix}$, 试确定常数 a, 使向量组 $\boldsymbol{\alpha}_1,\boldsymbol{\alpha}_2,\boldsymbol{\alpha}_3$ 线性相关.

4. 举例说明下列命题是错误的.

(1) 若 $\boldsymbol{\alpha}_1,\boldsymbol{\alpha}_2,\cdots,\boldsymbol{\alpha}_m$ 线性相关, 则 $\boldsymbol{\alpha}_1$ 可由 $\boldsymbol{\alpha}_2,\cdots,\boldsymbol{\alpha}_m$ 线性表示;

(2) 若有不全为零的数 $\lambda_1,\lambda_2,\cdots,\lambda_m$, 使

$$\lambda_1\boldsymbol{\alpha}_1+\lambda_2\boldsymbol{\alpha}_2+\cdots+\lambda_m\boldsymbol{\alpha}_m+\lambda_1\boldsymbol{\beta}_1+\lambda_2\boldsymbol{\beta}_2+\cdots+\lambda_m\boldsymbol{\beta}_m=\mathbf{0}$$

成立, 则 $\boldsymbol{\alpha}_1,\boldsymbol{\alpha}_2,\cdots,\boldsymbol{\alpha}_m$ 线性相关, $\boldsymbol{\beta}_1,\boldsymbol{\beta}_2,\cdots,\boldsymbol{\beta}_m$ 也线性相关;

(3) 若只有当 $\lambda_1,\lambda_2,\cdots,\lambda_m$ 全为零时, 等式

$$\lambda_1\boldsymbol{\alpha}_1+\lambda_2\boldsymbol{\alpha}_2+\cdots+\lambda_m\boldsymbol{\alpha}_m+\lambda_1\boldsymbol{\beta}_1+\lambda_2\boldsymbol{\beta}_2+\cdots+\lambda_m\boldsymbol{\beta}_m=\mathbf{0}$$

才成立, 则 $\boldsymbol{\alpha}_1,\boldsymbol{\alpha}_2,\cdots,\boldsymbol{\alpha}_m$ 线性无关, $\boldsymbol{\beta}_1,\boldsymbol{\beta}_2,\cdots,\boldsymbol{\beta}_m$ 也线性无关.

5. 设向量组 $\boldsymbol{\alpha}_1,\boldsymbol{\alpha}_2,\cdots,\boldsymbol{\alpha}_s$ 线性无关 $(s>2)$, 试证明下列各向量组也线性无关.

(1) $\boldsymbol{\alpha}_1,\boldsymbol{\alpha}_1+\boldsymbol{\alpha}_2,\cdots,\boldsymbol{\alpha}_1+\boldsymbol{\alpha}_2+\cdots+\boldsymbol{\alpha}_s$;

(2) $-\boldsymbol{\alpha}_1+\boldsymbol{\alpha}_2+\cdots+\boldsymbol{\alpha}_s,\ \boldsymbol{\alpha}_1-\boldsymbol{\alpha}_2+\cdots+\boldsymbol{\alpha}_s,\ \cdots,\boldsymbol{\alpha}_1+\boldsymbol{\alpha}_2+\cdots+\boldsymbol{\alpha}_{s-1}-\boldsymbol{\alpha}_s$.

6. 设 $\boldsymbol{\alpha}_1,\boldsymbol{\alpha}_2,\cdots,\boldsymbol{\alpha}_n$ 是一组 n 维向量, 已知 n 维基本单位向量 $\boldsymbol{e}_1,\boldsymbol{e}_2,\cdots,\boldsymbol{e}_n$ 能由它线性表示, 证明: $\boldsymbol{\alpha}_1,\boldsymbol{\alpha}_2,\cdots,\boldsymbol{\alpha}_n$ 线性无关.

7. 设 $\boldsymbol{\alpha}_1,\boldsymbol{\alpha}_2,\cdots,\boldsymbol{\alpha}_n$ 是一组 n 维向量, 证明: 它们线性无关的充要条件是任一 n 维向量都可由它们线性表示.

8. 设 $\begin{cases}\beta_1=\alpha_2+\alpha_3+\cdots+\alpha_n\\ \beta_2=\alpha_1+\alpha_3+\cdots+\alpha_n\\ \qquad\cdots\cdots\\ \beta_n=\alpha_1+\alpha_2+\cdots+\alpha_{n-1}\end{cases}$, 证明: 向量组 $\boldsymbol{\alpha}_1,\boldsymbol{\alpha}_2,\cdots,\boldsymbol{\alpha}_n$ 与向量组 $\boldsymbol{\beta}_1,\boldsymbol{\beta}_2,\cdots,\boldsymbol{\beta}_n$ 等价.

9. 求下列各向量组的一个极大无关组, 并将其余向量表示为该极大无关组的线性组合.

(1) $\boldsymbol{\alpha}_1=\begin{pmatrix}1\\-2\\5\end{pmatrix},\boldsymbol{\alpha}_2=\begin{pmatrix}3\\2\\-1\end{pmatrix},\boldsymbol{\alpha}_3=\begin{pmatrix}3\\10\\-17\end{pmatrix}$;

(2) $\boldsymbol{\alpha}_1=\begin{pmatrix}1\\-1\\0\\4\end{pmatrix},\boldsymbol{\alpha}_2=\begin{pmatrix}2\\1\\5\\6\end{pmatrix},\boldsymbol{\alpha}_3=\begin{pmatrix}1\\-1\\-2\\0\end{pmatrix},\boldsymbol{\alpha}_4=\begin{pmatrix}3\\0\\7\\14\end{pmatrix}$.

10. 求下列向量组的秩.

$$\boldsymbol{\alpha}_1=\begin{pmatrix}1\\2\\3\\4\end{pmatrix},\quad \boldsymbol{\alpha}_2=\begin{pmatrix}2\\3\\4\\5\end{pmatrix},\quad \boldsymbol{\alpha}_3=\begin{pmatrix}3\\4\\5\\6\end{pmatrix},\quad \boldsymbol{\alpha}_4=\begin{pmatrix}4\\5\\6\\7\end{pmatrix}.$$

11. 求下列齐次线性方程组的基础解系及其通解.

(1) $\begin{cases}x_1+x_2-x_3+x_4=0,\\x_1-x_2+2x_3-x_4=0,\\3x_1+x_2+x_4=0;\end{cases}$ (2) $\begin{cases}x_1-2x_2-x_3-x_4=0,\\2x_1-4x_2+5x_3+3x_4=0,\\4x_1-8x_2+17x_3+11x_4=0.\end{cases}$

12. 判断下列方程组是否有解, 若有解试求其解.

(1) $\begin{cases}2x_1-4x_2-x_3=4,\\-x_1-2x_2-x_4=4,\\3x_2+x_3+2x_4=1,\\3x_1+x_2+3x_4=-3;\end{cases}$ (2) $\begin{cases}2x_1-x_2+4x_3-3x_4=-4,\\x_1+x_3-x_4=-3,\\3x_1+x_2+x_3=1,\\7x_1+7x_3-3x_4=3;\end{cases}$

(3) $\begin{cases}x_1+x_2+x_3+x_4+x_5=-1,\\3x_1+3x_2+x_3+x_4-3x_5=-5,\\x_2+2x_3+2x_4+6x_5=2,\\5x_1+4x_2+3x_3+3x_4-5x_5=-7.\end{cases}$

13. 设 $\mathbf{R}^3$ 的一组基为 $\boldsymbol{\alpha}_1=\begin{pmatrix}1\\1\\0\end{pmatrix},\boldsymbol{\alpha}_2=\begin{pmatrix}1\\0\\1\end{pmatrix},\boldsymbol{\alpha}_3=\begin{pmatrix}0\\1\\1\end{pmatrix}$, 求 $\boldsymbol{\alpha}=\begin{pmatrix}2\\0\\0\end{pmatrix}$ 在此基下的坐标.

14. 问当 a, b 为何值时, 线性方程组

$$\begin{cases} x_1+x_2+x_3+x_4=0, \\ x_2+2x_3+2x_4=1, \\ -x_2+(a-3)x_3-2x_4=b, \\ 3x_1+2x_2+x_3+ax_4=-1, \end{cases}$$

无解、有唯一解、有无穷多个解? 并在有无穷多个解时, 求其全部解.

15. 设向量 $\boldsymbol{\alpha}_1=(1,2,0)^{\mathrm{T}}$, $\boldsymbol{\alpha}_2=(1,a+2,-3a)^{\mathrm{T}}$, $\boldsymbol{\alpha}_3=(-1,-b-2,a+2b)^{\mathrm{T}}$, $\boldsymbol{\beta}=(1,3,-3)^{\mathrm{T}}$. 试讨论当 a, b 为何值时

(1) $\boldsymbol{\beta}$ 不能由 $\boldsymbol{\alpha}_1$, $\boldsymbol{\alpha}_2$, $\boldsymbol{\alpha}_3$ 线性表示;

(2) $\boldsymbol{\beta}$ 可由 $\boldsymbol{\alpha}_1$, $\boldsymbol{\alpha}_2$, $\boldsymbol{\alpha}_3$ 线性表示, 且表示式唯一;

(3) $\boldsymbol{\beta}$ 可由 $\boldsymbol{\alpha}_1$, $\boldsymbol{\alpha}_2$, $\boldsymbol{\alpha}_3$ 线性表示, 但表示式不唯一.

第 4 章　矩阵的特征值与特征向量

本章主要讨论矩阵的特征值与特征向量有关理论及矩阵的相似对角化.

4.1　矩阵的特征值与特征向量

定义 4.1　设矩阵 $\boldsymbol{A}$ 是 n 阶方阵, 如果存在数 λ 和非零向量 $\boldsymbol{x}$, 使得

$$\boldsymbol{A}\boldsymbol{x} = \lambda\boldsymbol{x}, \tag{4.1}$$

则称 λ 为矩阵 $\boldsymbol{A}$ 的**特征值**, 称 $\boldsymbol{x}$ 为矩阵 $\boldsymbol{A}$ 对应特征值 λ 的一个**特征向量**. 式 (4.1) 可写成

$$(\boldsymbol{A} - \lambda\boldsymbol{E})\boldsymbol{x} = \boldsymbol{0}. \tag{4.2}$$

上式说明齐次线性方程组 (4.2) 有非零解 $\boldsymbol{x}$, 由齐次线性方程组有非零解的充分必要条件, 得 $|\boldsymbol{A} - \lambda\boldsymbol{E}| = 0$, 即

$$|\boldsymbol{A} - \lambda\boldsymbol{E}| = \begin{vmatrix} a_{11}-\lambda & a_{12} & \cdots & a_{1n} \\ a_{21} & a_{22}-\lambda & \cdots & a_{2n} \\ \vdots & \vdots & & \vdots \\ a_{n1} & a_{n2} & \cdots & a_{nn}-\lambda \end{vmatrix} = 0. \tag{4.3}$$

记 $f(\lambda) = |\boldsymbol{A} - \lambda\boldsymbol{E}|$, $f(\lambda)$ 是关于 λ 的一个 n 次多项式, 称 $f(\lambda)$ 为矩阵 $\boldsymbol{A}$ 的特征多项式. 特征多项式 $f(\lambda)$ 的根就是矩阵 $\boldsymbol{A}$ 的特征值.

在复数范围内, n 次多项式有 n 个根 (重根按重数计算). 设 $\lambda_1, \lambda_2, \cdots, \lambda_n$ 是 n 阶方阵 $\boldsymbol{A}$ 的 n 个特征值 (重根按重数计算), 利用根与系数之间的关系, 有

(1) $\lambda_1 + \lambda_2 + \cdots + \lambda_n = a_{11} + a_{22} + \cdots + a_{nn}$;　(4.4)

(2) $\lambda_1 \cdot \lambda_2 \cdot \cdots \cdot \lambda_n = |\boldsymbol{A}|$.　(4.5)

设 λ_0 是 n 阶方阵 $\boldsymbol{A}$ 的一个特征值, 则 $|\boldsymbol{A} - \lambda_0\boldsymbol{E}| = 0$, 从而齐次线性方程组 $(\boldsymbol{A} - \lambda_0\boldsymbol{E})\boldsymbol{x} = \boldsymbol{0}$ 有非零解, 其非零解就是矩阵 $\boldsymbol{A}$ 对应特征值 λ_0 的特征向量, 所有非零解即为矩阵 $\boldsymbol{A}$ 对应于特征值 λ_0 的全部特征向量.

例 4.1　求矩阵 $\boldsymbol{A} = \begin{pmatrix} 3 & 2 \\ 1 & 2 \end{pmatrix}$ 的特征值及特征向量.

解　矩阵 $\boldsymbol{A}$ 的特征多项式为

$$|\boldsymbol{A}-\lambda\boldsymbol{E}| = \begin{vmatrix} 3-\lambda & 2 \\ 1 & 2-\lambda \end{vmatrix} = \lambda^2-5\lambda+4=(\lambda-1)(\lambda-4).$$

令 $|\boldsymbol{A}-\lambda\boldsymbol{E}|=0$, 得矩阵 $\boldsymbol{A}$ 的特征值：$\lambda_1=1,\lambda_2=4$.

当 $\lambda_1=1$ 时, 对应的特征向量应满足齐次线性方程组：$(\boldsymbol{A}-\boldsymbol{E})\boldsymbol{x}=\boldsymbol{0}$. 由

$$\boldsymbol{A}-\boldsymbol{E}=\begin{pmatrix} 2 & 2 \\ 1 & 1 \end{pmatrix} \xrightarrow{r} \begin{pmatrix} 1 & 1 \\ 0 & 0 \end{pmatrix},$$

可得基础解系 $\boldsymbol{p}_1=\begin{pmatrix} -1 \\ 1 \end{pmatrix}$. 因此, $\boldsymbol{p}_1$ 为矩阵 $\boldsymbol{A}$ 对应特征值 $\lambda_1=1$ 的特征向量. $k\boldsymbol{p}_1(k\neq 0)$ 为矩阵 $\boldsymbol{A}$ 对应特征值 $\lambda_1=1$ 的全部特征向量.

当 $\lambda_2=4$ 时, 对应的特征向量应满足齐次线性方程组：$(\boldsymbol{A}-4\boldsymbol{E})\boldsymbol{x}=\boldsymbol{0}$. 由

$$\boldsymbol{A}-4\boldsymbol{E}=\begin{pmatrix} -1 & 2 \\ 1 & -2 \end{pmatrix} \xrightarrow{r} \begin{pmatrix} 1 & -2 \\ 0 & 0 \end{pmatrix},$$

可得基础解系 $\boldsymbol{p}_2=\begin{pmatrix} 2 \\ 1 \end{pmatrix}$. 因此, $\boldsymbol{p}_2$ 为矩阵 $\boldsymbol{A}$ 对应特征值 $\lambda_2=4$ 的特征向量. $k\boldsymbol{p}_2(k\neq 0)$ 为矩阵 $\boldsymbol{A}$ 对应特征值 $\lambda_2=4$ 的全部特征向量.

例 4.2　求矩阵 $\boldsymbol{A}=\begin{pmatrix} 2 & -3 & 0 \\ 2 & -5 & 0 \\ 3 & 6 & 1 \end{pmatrix}$ 的特征值及特征向量.

解　矩阵 $\boldsymbol{A}$ 的特征多项式为

$$|\boldsymbol{A}-\lambda\boldsymbol{E}| = \begin{vmatrix} 2-\lambda & -3 & 0 \\ 2 & -5-\lambda & 0 \\ 3 & 6 & 1-\lambda \end{vmatrix}$$

$$=(1-\lambda)[(\lambda-2)(\lambda+5)+6]=-(\lambda+4)(\lambda-1)^2,$$

令 $|\boldsymbol{A}-\lambda\boldsymbol{E}|=0$, 得矩阵 $\boldsymbol{A}$ 的特征值：$\lambda_1=-4,\lambda_2=\lambda_3=1$.

当 $\lambda_1=-4$ 时, 解齐次线性方程组 $(\boldsymbol{A}+4\boldsymbol{E})\boldsymbol{x}=\boldsymbol{0}$. 由

$$\boldsymbol{A}+4\boldsymbol{E}=\begin{pmatrix} 6 & -3 & 0 \\ 2 & -1 & 0 \\ 3 & 6 & 5 \end{pmatrix} \to \begin{pmatrix} 3 & 6 & 5 \\ 2 & -1 & 0 \\ 0 & 0 & 0 \end{pmatrix} \to \begin{pmatrix} 1 & 7 & 5 \\ 2 & -1 & 0 \\ 0 & 0 & 0 \end{pmatrix}$$

$$\to \begin{pmatrix} 1 & 7 & 5 \\ 0 & -15 & -10 \\ 0 & 0 & 0 \end{pmatrix} \to \begin{pmatrix} 1 & 0 & \dfrac{1}{3} \\ 0 & 1 & \dfrac{2}{3} \\ 0 & 0 & 0 \end{pmatrix},$$

得基础解系 $\boldsymbol{p}_1 = \begin{pmatrix} 1 \\ 2 \\ -3 \end{pmatrix}$. 因此, $\boldsymbol{p}_1$ 为矩阵 $\boldsymbol{A}$ 对应特征值 $\lambda_1 = -4$ 的特征向量, $k\boldsymbol{p}_1(k \neq 0)$ 为矩阵 $\boldsymbol{A}$ 对应特征值 $\lambda_1 = -4$ 的全部特征向量.

当 $\lambda_2 = \lambda_3 = 1$ 时, 解齐次线性方程组 $(\boldsymbol{A} - \boldsymbol{E})\boldsymbol{x} = \boldsymbol{0}$. 由

$$\boldsymbol{A} - \boldsymbol{E} = \begin{pmatrix} 1 & -3 & 0 \\ 2 & -6 & 0 \\ 3 & 6 & 0 \end{pmatrix} \to \begin{pmatrix} 1 & -3 & 0 \\ 0 & 15 & 0 \\ 0 & 0 & 0 \end{pmatrix} \to \begin{pmatrix} 1 & 0 & 0 \\ 0 & 1 & 0 \\ 0 & 0 & 0 \end{pmatrix},$$

得基础解系 $\boldsymbol{p}_2 = \begin{pmatrix} 0 \\ 0 \\ 1 \end{pmatrix}$. 因此, $\boldsymbol{p}_2$ 为矩阵 $\boldsymbol{A}$ 对应特征值 $\lambda_2 = \lambda_3 = 1$ 的特征向量, $k\boldsymbol{p}_2(k \neq 0)$ 为矩阵 $\boldsymbol{A}$ 对应特征值 $\lambda_2 = \lambda_3 = 1$ 的全部特征向量.

例 4.3 求矩阵 $\boldsymbol{A} = \begin{pmatrix} 3 & 2 & -1 \\ -2 & -2 & 2 \\ 3 & 6 & -1 \end{pmatrix}$ 的特征值及特征向量.

解 矩阵 $\boldsymbol{A}$ 的特征多项式为

$$|\boldsymbol{A} - \lambda\boldsymbol{E}| = \begin{vmatrix} 3-\lambda & 2 & -1 \\ -2 & -2-\lambda & 2 \\ 3 & 6 & -1-\lambda \end{vmatrix} \overset{c_1+c_3}{=} \begin{vmatrix} 2-\lambda & 2 & -1 \\ 0 & -2-\lambda & 2 \\ 2-\lambda & 6 & -1-\lambda \end{vmatrix}$$

$$= (2-\lambda)\begin{vmatrix} 1 & 2 & -1 \\ 0 & -2-\lambda & 2 \\ 1 & 6 & -1-\lambda \end{vmatrix} \overset{r_3-r_1}{=} (2-\lambda)\begin{vmatrix} 1 & 2 & -1 \\ 0 & -2-\lambda & 2 \\ 0 & 4 & -\lambda \end{vmatrix}$$

$$= -(\lambda+4)(\lambda-2)^2.$$

令 $|\boldsymbol{A} - \lambda\boldsymbol{E}| = 0$, 得矩阵 $\boldsymbol{A}$ 的特征值: $\lambda_1 = -4$, $\lambda_2 = \lambda_3 = 2$.

当 $\lambda_1 = -4$ 时, 解齐次线性方程组 $(\boldsymbol{A} + 4\boldsymbol{E})\boldsymbol{x} = \boldsymbol{0}$. 由

$$A+4E=\begin{pmatrix}7&2&-1\\-2&2&2\\3&6&3\end{pmatrix}\to\begin{pmatrix}1&-1&-1\\0&9&6\\0&9&6\end{pmatrix}$$

$$\to\begin{pmatrix}1&-1&-1\\0&1&\frac{2}{3}\\0&0&0\end{pmatrix}\to\begin{pmatrix}1&0&-\frac{1}{3}\\0&1&\frac{2}{3}\\0&0&0\end{pmatrix},$$

得基础解系 $\boldsymbol{p}_1=\begin{pmatrix}1\\-2\\3\end{pmatrix}$. 所以, $\boldsymbol{p}_1$ 为 $\boldsymbol{A}$ 对应特征值 $\lambda_1=-4$ 的特征向量, $k\boldsymbol{p}_1(k\neq 0)$ 为矩阵 $\boldsymbol{A}$ 对应特征值 $\lambda_1=-4$ 的全部特征向量.

当 $\lambda_2=\lambda_3=2$ 时, 解齐次线性方程组 $(\boldsymbol{A}-2\boldsymbol{E})\boldsymbol{x}=\boldsymbol{0}$. 由

$$A-2E=\begin{pmatrix}1&2&-1\\-2&-4&2\\3&6&-3\end{pmatrix}\to\begin{pmatrix}1&2&-1\\0&0&0\\0&0&0\end{pmatrix},$$

得基础解系 $\boldsymbol{p}_2=\begin{pmatrix}-2\\1\\0\end{pmatrix}$, $\boldsymbol{p}_3=\begin{pmatrix}1\\0\\1\end{pmatrix}$. 所以 $k_1\boldsymbol{p}_2+k_2\boldsymbol{p}_3(k_1,k_2$不同时为 $0)$ 为矩阵 $\boldsymbol{A}$ 对应特征值 $\lambda_2=\lambda_3=2$ 的全部特征向量.

例 4.2 中对应二重特征值 $\lambda_2=\lambda_3=1$ 只有一个线性无关的特征向量, 例 4.3 中对应二重特征值 $\lambda_2=\lambda_3=2$ 有两个线性无关的特征向量, 这两个矩阵就是下节要介绍的能否相似对角化的问题.

以下讨论特征值及特征向量的性质.

性质 1　n 阶矩阵 $\boldsymbol{A}$ 与它的转置矩阵 $\boldsymbol{A}^{\mathrm{T}}$ 具有相同的特征多项式, 从而具有相同的特征值.

事实上, $|\boldsymbol{A}^{\mathrm{T}}-\lambda\boldsymbol{E}|=|(\boldsymbol{A}-\lambda\boldsymbol{E})^{\mathrm{T}}|=|\boldsymbol{A}-\lambda\boldsymbol{E}|$.

性质 2　设 λ 是 n 阶矩阵 $\boldsymbol{A}$ 的特征值, 则

(1) λ^2 是 $\boldsymbol{A}^2$ 的特征值;

(2) 当 $\boldsymbol{A}$ 可逆时, $\dfrac{1}{\lambda}$ 是 $\boldsymbol{A}^{-1}$ 的特征值.

证明　因 λ 是 $\boldsymbol{A}$ 的特征值, 故有 $\boldsymbol{p}\neq\boldsymbol{0}$, 使 $\boldsymbol{A}\boldsymbol{p}=\lambda\boldsymbol{p}$. 于是

(1) $\boldsymbol{A}^2\boldsymbol{p}=\boldsymbol{A}(\boldsymbol{A}\boldsymbol{p})=\boldsymbol{A}(\lambda\boldsymbol{p})=\lambda(\boldsymbol{A}\boldsymbol{p})=\lambda^2\boldsymbol{p}$, 所以 λ^2 是 $\boldsymbol{A}^2$ 的特征值;

(2) 当 $\boldsymbol{A}$ 可逆时, 由 $\boldsymbol{Ap}=\lambda\boldsymbol{p}$, 有 $\boldsymbol{p}=\lambda\boldsymbol{A}^{-1}\boldsymbol{p}$, 由 $\boldsymbol{p}\neq\boldsymbol{0}$ 知,$\lambda\neq 0$, 故 $\boldsymbol{A}^{-1}\boldsymbol{p}=\dfrac{1}{\lambda}\boldsymbol{p}$, 所以 $\dfrac{1}{\lambda}$ 是 $\boldsymbol{A}^{-1}$ 的特征值.

一般地, 若 λ 是 $\boldsymbol{A}$ 的特征值, 则 λ^k 是 $\boldsymbol{A}^k$(k 为正整数) 的特征值, $\varphi(\lambda)$ 是 $\varphi(\boldsymbol{A})$ 的特征值. 其中 $\varphi(x)=a_0x^m+a_1x^{m-1}+\cdots+a_m$, $a_0,a_1,\cdots,a_m$ 都为常数.

例 4.4 设 3 阶矩阵 $\boldsymbol{A}$ 的特征值为 $-2,1,2$, 求 $|\boldsymbol{A}^*+2\boldsymbol{A}-3\boldsymbol{E}|$.

解 因 3 阶矩阵 $\boldsymbol{A}$ 的三个特征值为 $-2,1,2$, 所以 $|\boldsymbol{A}|=-2\times1\times2=-4\neq0$, $\boldsymbol{A}$ 可逆. 由 $\boldsymbol{AA}^*=|\boldsymbol{A}|\boldsymbol{E}$, 得

$$\boldsymbol{A}^*=|\boldsymbol{A}|\boldsymbol{A}^{-1}=-4\boldsymbol{A}^{-1}.$$

记 $\varphi(\boldsymbol{A})=\boldsymbol{A}^*+2\boldsymbol{A}-3\boldsymbol{E}=-4\boldsymbol{A}^{-1}+2\boldsymbol{A}-3\boldsymbol{E}$, 设 λ 是矩阵 $\boldsymbol{A}$ 的特征值, 则 $\varphi(\boldsymbol{A})$ 的特征值为

$$\varphi(\lambda)=-\frac{4}{\lambda}+2\lambda-3,$$

即

$$\varphi(-2)=2-4-3=-5,\quad \varphi(1)=-4+2-3=-5,\quad \varphi(2)=-2+4-3=-1.$$

于是 $|\boldsymbol{A}^*+2\boldsymbol{A}-3\boldsymbol{E}|=-5\times(-5)\times(-1)=-25$.

例 4.5 设 n 阶矩阵 $\boldsymbol{A}$ 满足 $\boldsymbol{A}^2+3\boldsymbol{A}-4\boldsymbol{E}=\boldsymbol{O}$, 证明: $\boldsymbol{A}$ 的特征值只能是 -4 或 1.

解法一 由 $\boldsymbol{A}^2+3\boldsymbol{A}-4\boldsymbol{E}=\boldsymbol{O}$, 得 $(\boldsymbol{A}-\boldsymbol{E})(\boldsymbol{A}+4\boldsymbol{E})=\boldsymbol{O}$, 从而 $|(\boldsymbol{A}-\boldsymbol{E})(\boldsymbol{A}+4\boldsymbol{E})|=|\boldsymbol{A}-\boldsymbol{E}||\boldsymbol{A}+4\boldsymbol{E}|=0$.

因此, $|\boldsymbol{A}-\boldsymbol{E}|=0$ 或 $|\boldsymbol{A}+4\boldsymbol{E}|=0$, 即矩阵 $\boldsymbol{A}$ 的特征值只能是 -4 或 1.

解法二 设 λ 是矩阵 $\boldsymbol{A}$ 的特征值, 则 $\varphi(\lambda)=\lambda^2+3\lambda-4$ 是 $\varphi(\boldsymbol{A})=\boldsymbol{A}^2+3\boldsymbol{A}-4\boldsymbol{E}$ 的特征值.

由 $\boldsymbol{A}^2+3\boldsymbol{A}-4\boldsymbol{E}=\boldsymbol{O}$, 得 $\lambda^2+3\lambda-4=0$. 因此, $\lambda=-4$或$\lambda=1$, 即矩阵 $\boldsymbol{A}$ 的特征值只能是 -4 或 1.

定理 1 设 $\lambda_1,\lambda_2,\cdots,\lambda_m$ 是 n 阶矩阵 $\boldsymbol{A}$ 的 m 个互不相等的特征值, 其对应的特征向量分别为 $\boldsymbol{p}_1,\boldsymbol{p}_2,\cdots,\boldsymbol{p}_m$, 则 $\boldsymbol{p}_1,\boldsymbol{p}_2,\cdots,\boldsymbol{p}_m$ 线性无关.

证明 因 λ_i 是矩阵 $\boldsymbol{A}$ 的特征值, 其对应的特征向量为 $\boldsymbol{p}_i$, 由特征值的定义, 有

$$\boldsymbol{Ap}_i=\lambda_i\boldsymbol{p}_i,\quad i=1,2,\cdots,m.$$

设

$$x_1\boldsymbol{p}_1+x_2\boldsymbol{p}_2+\cdots+x_m\boldsymbol{p}_m=\boldsymbol{0}, \tag{4.6}$$

对式 (4.6) 两边同时左乘矩阵 $\boldsymbol{A}$, 有

$$\boldsymbol{A}(x_1\boldsymbol{p}_1)+\boldsymbol{A}(x_2\boldsymbol{p}_2)+\cdots+\boldsymbol{A}(x_m\boldsymbol{p}_m)=\boldsymbol{0},$$

即

$$\lambda_1(x_1\boldsymbol{p}_1)+\lambda_2(x_2\boldsymbol{p}_2)+\cdots+\lambda_m(x_m\boldsymbol{p}_m)=\boldsymbol{0}. \tag{4.7}$$

对式 (4.7) 两边同时左乘矩阵 $\boldsymbol{A}$, 有

$$\lambda_1^2(x_1\boldsymbol{p}_1)+\lambda_2^2(x_2\boldsymbol{p}_2)+\cdots+\lambda_m^2(x_m\boldsymbol{p}_m)=\boldsymbol{0}. \tag{4.8}$$

依次类推, 有

$$\lambda_1^{m-1}(x_1\boldsymbol{p}_1)+\lambda_2^{m-1}(x_2\boldsymbol{p}_2)+\cdots+\lambda_m^{m-1}(x_m\boldsymbol{p}_m)=\boldsymbol{0}. \tag{4.9}$$

联立式 (4.6)~(4.9), 有

$$(x_1\boldsymbol{p}_1,x_2\boldsymbol{p}_2,\cdots,x_m\boldsymbol{p}_m)\begin{pmatrix}1&\lambda_1&\cdots&\lambda_1^{m-1}\\1&\lambda_2&\cdots&\lambda_2^{m-1}\\\vdots&\vdots&&\vdots\\1&\lambda_m&\cdots&\lambda_m^{m-1}\end{pmatrix}=\boldsymbol{0}. \tag{4.10}$$

因 $\begin{vmatrix}1&\lambda_1&\cdots&\lambda_1^{m-1}\\1&\lambda_2&\cdots&\lambda_2^{m-1}\\\vdots&\vdots&&\vdots\\1&\lambda_m&\cdots&\lambda_m^{m-1}\end{vmatrix}=\prod\limits_{1\leqslant i<j\leqslant m}(\lambda_j-\lambda_i)\neq 0$, 由式 (4.10), 得

$$(x_1\boldsymbol{p}_1,x_2\boldsymbol{p}_2,\cdots,x_m\boldsymbol{p}_m)=(0,0,\cdots,0),$$

从而 $x_i\boldsymbol{p}_i=\boldsymbol{0}$, $i=1,2,\cdots,m$. 又因 $\boldsymbol{p}_i\neq\boldsymbol{0}$, $i=1,2,\cdots,m$, 得 $x_1=x_2=\cdots=x_m=0$. 因此, $\boldsymbol{p}_1,\boldsymbol{p}_2,\cdots,\boldsymbol{p}_m$ 线性无关.

例 4.6　设 3 阶矩阵 $\boldsymbol{A}$ 满足 $\boldsymbol{A}\boldsymbol{p}_i=i\boldsymbol{p}_i(i=1,2,3)$, 其中列向量 $\boldsymbol{p}_1=\begin{pmatrix}1\\2\\2\end{pmatrix}$, $\boldsymbol{p}_2=\begin{pmatrix}2\\-2\\1\end{pmatrix}$, $\boldsymbol{p}_3=\begin{pmatrix}-2\\-1\\2\end{pmatrix}$, 试求矩阵 $\boldsymbol{A}$.

解　由 $\boldsymbol{A}\boldsymbol{p}_1=\boldsymbol{p}_1$, $\boldsymbol{A}\boldsymbol{p}_2=2\boldsymbol{p}_2$, $\boldsymbol{A}\boldsymbol{p}_3=3\boldsymbol{p}_3$ 知, $\boldsymbol{p}_1,\boldsymbol{p}_2,\boldsymbol{p}_3$ 分别是矩阵 $\boldsymbol{A}$ 对应不同特征值 1,2,3 的特征向量. 由定理 1 知, $\boldsymbol{p}_1,\boldsymbol{p}_2,\boldsymbol{p}_3$ 线性无关, 从而矩阵 $(\boldsymbol{p}_1,\boldsymbol{p}_2,\boldsymbol{p}_3)$ 可逆. 利用分块矩阵的运算, 有

$$\boldsymbol{A}(\boldsymbol{p}_1,\boldsymbol{p}_2,\boldsymbol{p}_3)=(\boldsymbol{p}_1,2\boldsymbol{p}_2,3\boldsymbol{p}_3).$$

因此

$$
\begin{aligned}
\boldsymbol{A} &= (\boldsymbol{p}_1, 2\boldsymbol{p}_2, 3\boldsymbol{p}_3)(\boldsymbol{p}_1, \boldsymbol{p}_2, \boldsymbol{p}_3)^{-1} \\
&= \begin{pmatrix} 1 & 4 & -6 \\ 2 & -4 & -3 \\ 2 & 2 & 6 \end{pmatrix} \begin{pmatrix} 1 & 2 & -2 \\ 2 & -2 & -1 \\ 2 & 1 & 2 \end{pmatrix}^{-1} \\
&= \begin{pmatrix} 1 & 4 & -6 \\ 2 & -4 & -3 \\ 2 & 2 & 6 \end{pmatrix} \frac{1}{9} \begin{pmatrix} 1 & 2 & 2 \\ 2 & -2 & 1 \\ -2 & -1 & 2 \end{pmatrix} \\
&= \frac{1}{3} \begin{pmatrix} 7 & 0 & -2 \\ 0 & 5 & -2 \\ -2 & -2 & 6 \end{pmatrix}.
\end{aligned}
$$

例 4.7 设 $\boldsymbol{p}_1, \boldsymbol{p}_2$ 分别是矩阵 $\boldsymbol{A}$ 对应于特征值 λ_1, λ_2 的特征向量, 且 $\lambda_1 \neq \lambda_2$. 证明: $\boldsymbol{p}_1 + \boldsymbol{p}_2$ 不是矩阵 $\boldsymbol{A}$ 的特征值.

证明 因 $\boldsymbol{p}_1, \boldsymbol{p}_2$ 分别是矩阵 $\boldsymbol{A}$ 对应于特征值 λ_1, λ_2 的特征向量, 由特征值、特征向量的定义有

$$\boldsymbol{A}\boldsymbol{p}_1 = \lambda_1 \boldsymbol{p}_1, \quad \boldsymbol{A}\boldsymbol{p}_2 = \lambda_2 \boldsymbol{p}_2.$$

假设 $\boldsymbol{p}_1 + \boldsymbol{p}_2$ 是矩阵 $\boldsymbol{A}$ 对应于特征值 λ 的特征向量, 即

$$\boldsymbol{A}(\boldsymbol{p}_1 + \boldsymbol{p}_2) = \lambda(\boldsymbol{p}_1 + \boldsymbol{p}_2).$$

另一方面, $\boldsymbol{A}(\boldsymbol{p}_1 + \boldsymbol{p}_2) = \boldsymbol{A}\boldsymbol{p}_1 + \boldsymbol{A}\boldsymbol{p}_2 = \lambda_1 \boldsymbol{p}_1 + \lambda_2 \boldsymbol{p}_2$. 于是

$$\lambda(\boldsymbol{p}_1 + \boldsymbol{p}_2) = \lambda_1 \boldsymbol{p}_1 + \lambda_2 \boldsymbol{p}_2,$$

即

$$(\lambda - \lambda_1)\boldsymbol{p}_1 + (\lambda - \lambda_2)\boldsymbol{p}_2 = \boldsymbol{0}.$$

因 $\boldsymbol{p}_1, \boldsymbol{p}_2$ 是矩阵 $\boldsymbol{A}$ 对应于不同特征值的特征向量, 由定理 1 知, $\boldsymbol{p}_1, \boldsymbol{p}_2$ 线性无关. 因此, $\lambda - \lambda_1 = \lambda - \lambda_2 = 0$, 即 $\lambda_1 = \lambda_2$, 与题设矛盾. 所以 $\boldsymbol{p}_1 + \boldsymbol{p}_2$ 不是矩阵 $\boldsymbol{A}$ 的特征值.

4.2 相似矩阵

定义 4.2 设矩阵 $\boldsymbol{A}, \boldsymbol{B}$ 都是 n 阶方阵, 如果存在可逆矩阵 $\boldsymbol{P}$, 使 $\boldsymbol{P}^{-1}\boldsymbol{A}\boldsymbol{P} = \boldsymbol{B}$, 则称矩阵 $\boldsymbol{A}, \boldsymbol{B}$ **相似**. 称变换 $\boldsymbol{P}^{-1}\boldsymbol{A}\boldsymbol{P}$ 为**相似变换**.

定理 2　相似矩阵具有相同的特征多项式, 从而具有相同的特征值.

证明　设矩阵 $\boldsymbol{A}$, $\boldsymbol{B}$ 相似, 由定义 4.2, 存在可逆矩阵 $\boldsymbol{P}$, 使 $\boldsymbol{P}^{-1}\boldsymbol{A}\boldsymbol{P}=\boldsymbol{B}$, 则

$$\begin{aligned}|\boldsymbol{B}-\lambda\boldsymbol{E}|&=|\boldsymbol{P}^{-1}\boldsymbol{A}\boldsymbol{P}-\lambda\boldsymbol{E}|=|\boldsymbol{P}^{-1}(\boldsymbol{A}-\lambda\boldsymbol{E})\boldsymbol{P}|\\&=|\boldsymbol{P}^{-1}||\boldsymbol{A}-\lambda\boldsymbol{E}||\boldsymbol{P}|=|\boldsymbol{A}-\lambda\boldsymbol{E}|,\end{aligned}$$

即 $\boldsymbol{A}$, $\boldsymbol{B}$ 具有相同的特征多项式, 从而具有相同的特征值.

因对角矩阵的特征值就是对角线上的元素, 因此有以下推论.

推论 1　如果矩阵 $\boldsymbol{A}$ 与对角矩阵

$$\boldsymbol{\Lambda}=\begin{pmatrix}\lambda_1&&&\\&\lambda_2&&\\&&\ddots&\\&&&\lambda_n\end{pmatrix}$$

相似, 则 $\lambda_1,\lambda_2,\cdots,\lambda_n$ 就是矩阵 $\boldsymbol{A}$ 的特征值.

例 4.8　设矩阵 $\boldsymbol{A}=\begin{pmatrix}1&2&3\\2&x&3\\3&3&6\end{pmatrix}$ 与对角矩阵 $\boldsymbol{\Lambda}=\begin{pmatrix}-1&&\\&y&\\&&0\end{pmatrix}$ 相似, 求 x, y 的值.

解　因矩阵 $\boldsymbol{A}$ 与对角矩阵 $\boldsymbol{\Lambda}$ 相似, 由推论 1 知, 矩阵 $\boldsymbol{A}$ 的特征值分别为 $-1,y,0$. 利用式 (4.4) 与式 (4.5) 有

$$\begin{cases}1+x+6=-1+y+0,\\ \begin{vmatrix}1&2&3\\2&x&3\\3&3&6\end{vmatrix}=0,\end{cases}\qquad \text{即}\begin{cases}x-y=-8,\\3(1-x)=0.\end{cases}$$

因此, $x=1$, $y=9$.

如果 n 阶矩阵 $\boldsymbol{A}$ 与对角矩阵 $\boldsymbol{\Lambda}$ 相似, 则称矩阵 $\boldsymbol{A}$ 可**相似对角化**(简称为可**对角化**). 那么, 矩阵 $\boldsymbol{A}$ 满足什么条件时, 矩阵 $\boldsymbol{A}$ 可相似对角化?

假设 n 阶方阵 $\boldsymbol{A}$ 与对角矩阵 $\boldsymbol{\Lambda}=\begin{pmatrix}\lambda_1&&&\\&\lambda_2&&\\&&\ddots&\\&&&\lambda_n\end{pmatrix}$ 相似, 由定义 4.2, 存在 n 阶可逆矩阵 $\boldsymbol{P}$, 使

$$\boldsymbol{P}^{-1}\boldsymbol{A}\boldsymbol{P}=\boldsymbol{\Lambda}.$$

令 $\boldsymbol{P}=(\boldsymbol{p}_1,\boldsymbol{p}_2,\cdots,\boldsymbol{p}_n)$, 由 $\boldsymbol{P}^{-1}\boldsymbol{A}\boldsymbol{P}=\boldsymbol{\Lambda}$, 得 $\boldsymbol{A}\boldsymbol{P}=\boldsymbol{P}\boldsymbol{\Lambda}$, 即

$$\boldsymbol{A}(\boldsymbol{p}_1,\boldsymbol{p}_2,\cdots,\boldsymbol{p}_n)=(\boldsymbol{p}_1,\boldsymbol{p}_2,\cdots,\boldsymbol{p}_n)\begin{pmatrix}\lambda_1&&&\\&\lambda_2&&\\&&\ddots&\\&&&\lambda_n\end{pmatrix},$$

$$(\boldsymbol{A}\boldsymbol{p}_1,\boldsymbol{A}\boldsymbol{p}_2,\cdots,\boldsymbol{A}\boldsymbol{p}_n)=(\lambda_1\boldsymbol{p}_1,\lambda_2\boldsymbol{p}_2,\cdots,\lambda_n\boldsymbol{p}_n).$$

从而 $\boldsymbol{A}\boldsymbol{p}_i=\lambda_i\boldsymbol{p}_i,\ i=1,2,\cdots,n$, 即 λ_i 为矩阵 $\boldsymbol{A}$ 的特征值, p_i 为矩阵 $\boldsymbol{A}$ 对应于特征值 λ_i 的特征向量. 因矩阵 $\boldsymbol{A}$ 可逆, 从而 $\boldsymbol{A}$ 的列向量组 $\boldsymbol{p}_1,\boldsymbol{p}_2,\cdots,\boldsymbol{p}_n$ 线性无关, 即矩阵 $\boldsymbol{A}$ 有 n 个线性无关的特征向量.

反之, 若 $\boldsymbol{p}_1,\boldsymbol{p}_2,\cdots,\boldsymbol{p}_n$ 为 n 阶矩阵 $\boldsymbol{A}$ 对应于特征值 $\lambda_1,\lambda_2,\cdots,\lambda_n$ 的 n 个线性无关的特征向量, 则有

$$\boldsymbol{A}\boldsymbol{p}_i=\lambda_i\boldsymbol{p}_i,\quad i=1,2,\cdots,n.$$

令 $\boldsymbol{P}=(\boldsymbol{p}_1,\boldsymbol{p}_2,\cdots,\boldsymbol{p}_n)$, 易知 $\boldsymbol{P}$ 可逆, 且有 $\boldsymbol{A}\boldsymbol{P}=\boldsymbol{P}\boldsymbol{\Lambda}$. 因矩阵 $\boldsymbol{P}$ 可逆, 从而有 $\boldsymbol{P}^{-1}\boldsymbol{A}\boldsymbol{P}=\boldsymbol{\Lambda}$, 即矩阵 $\boldsymbol{A}$ 与对角矩阵 $\boldsymbol{\Lambda}$ 相似.

定理 3 n 阶矩阵 $\boldsymbol{A}$ 与对角矩阵 $\boldsymbol{\Lambda}=\begin{pmatrix}\lambda_1&&&\\&\lambda_2&&\\&&\ddots&\\&&&\lambda_n\end{pmatrix}$ 相似的充分必要条件是矩阵 $\boldsymbol{A}$ 有 n 个线性无关的特征向量.

因矩阵 $\boldsymbol{A}$ 对应不同特征值的特征向量一定线性无关. 设 λ_i 是 n 阶矩阵 $\boldsymbol{A}$ 的一个 k_i 重特征值, 矩阵 $\boldsymbol{A}$ 要能对角化, 那么对应于特征值 λ_i 要有 k_i 个线性无关的特征向量, 即 $R(\boldsymbol{A}-\lambda_i\boldsymbol{E})=n-k_i$, 因此有以下定理.

定理 4 n 阶矩阵 $\boldsymbol{A}$ 与对角矩阵 $\boldsymbol{\Lambda}$ 相似的充分必要条件是矩阵 $\boldsymbol{A}$ 的特征值的重数等于其对应的线性无关的特征向量的个数.

例 4.9 设 $\boldsymbol{A}=\begin{pmatrix}5&1&5\\3&3&a\\0&0&2\end{pmatrix}$, 问 a 为何值时, 矩阵 $\boldsymbol{A}$ 能对角化?

解 $|\boldsymbol{A}-\lambda\boldsymbol{E}|=\begin{vmatrix}5-\lambda&1&5\\3&3-\lambda&a\\0&0&2-\lambda\end{vmatrix}=-(\lambda-6)(\lambda-2)^2.$

由 $|\boldsymbol{A}-\lambda\boldsymbol{E}|=0$, 得 $\lambda_1=6,\ \lambda_2=\lambda_3=2$.

对应单根 $\lambda_1 = 6$, 可求得线性无关的特征向量一个. 故矩阵 $\boldsymbol{A}$ 可对角化的充分必要条件是对应重根 $\lambda_2 = \lambda_3 = 2$, 有两个线性无关的特征向量, 即方程组 $(\boldsymbol{A}-2\boldsymbol{E})\boldsymbol{x}=\boldsymbol{0}$ 有两个线性无关的解, 也即 $R(\boldsymbol{A}-2\boldsymbol{E})=1$.

由 $\boldsymbol{A}-2\boldsymbol{E}=\begin{pmatrix}3&1&5\\3&1&a\\0&0&0\end{pmatrix}\xrightarrow{r}\begin{pmatrix}3&1&5\\0&0&a-5\\0&0&0\end{pmatrix}$, 要使 $R(\boldsymbol{A}-2\boldsymbol{E})=1$, 必须 $a-5=0$, 即 $a=5$. 因此, 当 $a=5$ 时, 矩阵 $\boldsymbol{A}$ 可对角化.

设 n 阶矩阵 $\boldsymbol{A}$ 可对角化, 即存在 n 阶可逆矩阵 $\boldsymbol{P}$, 使

$$\boldsymbol{P}^{-1}\boldsymbol{A}\boldsymbol{P}=\boldsymbol{\Lambda}=\begin{pmatrix}\lambda_1&&&\\&\lambda_2&&\\&&\ddots&\\&&&\lambda_n\end{pmatrix},$$

即 $\boldsymbol{A}=\boldsymbol{P}\boldsymbol{\Lambda}\boldsymbol{P}^{-1}$. 因此

$$\boldsymbol{A}^k=\boldsymbol{P}\boldsymbol{\Lambda}^k\boldsymbol{P}^{-1},\quad \varphi(\boldsymbol{A})=\boldsymbol{P}\varphi(\boldsymbol{\Lambda})\boldsymbol{P}^{-1},$$

其中, $\boldsymbol{\Lambda}^k=\begin{pmatrix}\lambda_1^k&&&\\&\lambda_2^k&&\\&&\ddots&\\&&&\lambda_n^k\end{pmatrix}$, $\varphi(\boldsymbol{\Lambda})=\begin{pmatrix}\varphi(\lambda_1)&&&\\&\varphi(\lambda_2)&&\\&&\ddots&\\&&&\varphi(\lambda_n)\end{pmatrix}$, $\varphi(x)=a_0x^m+a_1x^{m-1}+\cdots+a_m, a_0,a_1,\cdots,a_m$都为常数.

特别地

$$f(\boldsymbol{A})=\boldsymbol{P}f(\boldsymbol{\Lambda})\boldsymbol{P}^{-1}=\boldsymbol{P}\begin{pmatrix}f(\lambda_1)&&&\\&f(\lambda_2)&&\\&&\ddots&\\&&&f(\lambda_n)\end{pmatrix}\boldsymbol{P}^{-1}=\boldsymbol{P}\boldsymbol{O}\boldsymbol{P}^{-1}=\boldsymbol{O},$$

其中, $f(\lambda)$ 是矩阵 $\boldsymbol{A}$ 的特征多项式.

例 4.10　设 $\boldsymbol{A}=\begin{pmatrix}0&0&1\\1&1&a\\1&0&0\end{pmatrix}$, 问 a 为何值时, 矩阵 $\boldsymbol{A}$ 能对角化? 并在可对角化时, 求一可逆矩阵 $\boldsymbol{P}$ 使 $\boldsymbol{P}^{-1}\boldsymbol{A}\boldsymbol{P}=\boldsymbol{\Lambda}$.

解 矩阵 $\boldsymbol{A}$ 的特征多项式为

$$|\boldsymbol{A}-\lambda\boldsymbol{E}|=\begin{vmatrix}-\lambda & 0 & 1\\ 1 & 1-\lambda & a\\ 1 & 0 & -\lambda\end{vmatrix}=(1-\lambda)\begin{vmatrix}-\lambda & 1\\ 1 & -\lambda\end{vmatrix}=-(\lambda+1)(\lambda-1)^2.$$

令 $|\boldsymbol{A}-\lambda\boldsymbol{E}|=0$, 得 $\lambda_1=-1$, $\lambda_2=\lambda_3=1$.

对应单根 $\lambda_1=-1$, 可求得一个线性无关的特征向量. 故矩阵 $\boldsymbol{A}$ 可对角化的充分必要条件是对应重根 $\lambda_2=\lambda_3=1$ 有两个线性无关的特征向量, 即齐次线性方程组 $(\boldsymbol{A}-\boldsymbol{E})\boldsymbol{x}=\boldsymbol{0}$ 有两个线性无关的解, 也即 $R(\boldsymbol{A}-\boldsymbol{E})=1$.

由 $\boldsymbol{A}-\boldsymbol{E}=\begin{pmatrix}-1 & 0 & 1\\ 1 & 0 & a\\ 1 & 0 & -1\end{pmatrix}\xrightarrow{r}\begin{pmatrix}-1 & 0 & 1\\ 0 & 0 & a+1\\ 0 & 0 & 0\end{pmatrix}$, 要使 $R(\boldsymbol{A}-\boldsymbol{E})=1$, 必须 $a+1=0$, 即 $a=-1$. 因此, 当 $a=-1$ 时, 矩阵 $\boldsymbol{A}$ 可对角化.

对应 $\lambda_1=-1$, 解齐次线性方程组 $(\boldsymbol{A}+\boldsymbol{E})\boldsymbol{x}=\boldsymbol{0}$, 即

$$\begin{pmatrix}1 & 0 & 1\\ 1 & 2 & -1\\ 1 & 0 & 1\end{pmatrix}\begin{pmatrix}x_1\\ x_2\\ x_3\end{pmatrix}=\begin{pmatrix}0\\ 0\\ 0\end{pmatrix},$$

可得基础解系 $\boldsymbol{p}_1=\begin{pmatrix}-1\\ 1\\ 1\end{pmatrix}$.

对应 $\lambda_2=\lambda_3=1$, 解齐次线性方程组 $(\boldsymbol{A}-\boldsymbol{E})\boldsymbol{x}=\boldsymbol{0}$, 得基础解系 $\boldsymbol{p}_2=\begin{pmatrix}0\\ 1\\ 0\end{pmatrix}$, $\boldsymbol{p}_3=\begin{pmatrix}1\\ 0\\ 1\end{pmatrix}$.

令 $\boldsymbol{P}=(\boldsymbol{p}_1,\boldsymbol{p}_2,\boldsymbol{p}_3)=\begin{pmatrix}-1 & 0 & 1\\ 1 & 1 & 0\\ 1 & 0 & 1\end{pmatrix}$, 有

$$\boldsymbol{P}^{-1}\boldsymbol{A}\boldsymbol{P}=\begin{pmatrix}-1 & 0 & 0\\ 0 & 1 & 0\\ 0 & 0 & 1\end{pmatrix}.$$

4.3　实对称矩阵的对角化

4.2 节讨论了一个 n 阶矩阵 $\boldsymbol{A}$ 可对角化的充分必要条件, 但矩阵的对角化问题是一个比较复杂的问题. 本节讨论一种特殊矩阵: 实对称矩阵的对角化.

4.3.1　向量的内积

定义 4.3　设有 n 维向量

$$\boldsymbol{x}=\begin{pmatrix} x_1 \\ x_2 \\ \vdots \\ x_n \end{pmatrix},\quad \boldsymbol{y}=\begin{pmatrix} y_1 \\ y_2 \\ \vdots \\ y_n \end{pmatrix},$$

称 $x_1y_1+x_2y_2+\cdots+x_ny_n$ 为向量 $\boldsymbol{x}$ 与 $\boldsymbol{y}$ 的**内积**, 记为 $[\boldsymbol{x},\boldsymbol{y}]$, 即

$$[\boldsymbol{x},\boldsymbol{y}]=\boldsymbol{x}^{\mathrm{T}}\boldsymbol{y}=x_1y_1+x_2y_2+\cdots+x_ny_n.$$

内积是两个向量之间的一种运算, 其结果是一个实数. 内积满足以下性质:

(1) $[\boldsymbol{x},\boldsymbol{y}]=[\boldsymbol{y},\boldsymbol{x}]$;

(2) $[\lambda\boldsymbol{x},\boldsymbol{y}]=\lambda[\boldsymbol{x},\boldsymbol{y}]$;

(3) $[\boldsymbol{x}+\boldsymbol{y},\boldsymbol{z}]=[\boldsymbol{x},\boldsymbol{z}]+[\boldsymbol{y},\boldsymbol{z}]$;

(4) $[\boldsymbol{x},\boldsymbol{x}]\geqslant 0$, 当且仅当 $\boldsymbol{x}=\boldsymbol{0}$ 时, $[\boldsymbol{x},\boldsymbol{x}]=0$.

其中, $\boldsymbol{x}$,$\boldsymbol{y}$,$\boldsymbol{z}$ 都为 n 维向量, $\lambda\in\mathbf{R}$.

定义 4.4　设 $\boldsymbol{x}=\begin{pmatrix} x_1 \\ x_2 \\ \vdots \\ x_n \end{pmatrix}\in\mathbf{R}^n$, 称 $\sqrt{[\boldsymbol{x},\boldsymbol{x}]}=\sqrt{x_1^2+x_2^2+\cdots+x_n^2}$ 为向量 $\boldsymbol{x}$的**长度**(**或范数**), 记为 $||\boldsymbol{x}||$, 即 $||\boldsymbol{x}||=\sqrt{[\boldsymbol{x},\boldsymbol{x}]}=\sqrt{x_1^2+x_2^2+\cdots+x_n^2}$.

向量的范数具有以下性质:

(1) **非负性**: $||\boldsymbol{x}||\geqslant 0$, 当且仅当 $\boldsymbol{x}=\boldsymbol{0}$ 时, $||\boldsymbol{x}||=\boldsymbol{0}$;

(2) **齐次性**: $||\lambda\boldsymbol{x}||=|\lambda|\cdot||\boldsymbol{x}||$;

(3) **三角不等式**: $||\boldsymbol{x}+\boldsymbol{y}||\leqslant||\boldsymbol{x}||+||\boldsymbol{y}||$;

(4) 对任意 n 维向量 $\boldsymbol{x}$, $\boldsymbol{y}$, 有 $|[\boldsymbol{x},\boldsymbol{y}]|\leqslant||\boldsymbol{x}||\cdot||\boldsymbol{y}||$.

若令 $\boldsymbol{x}=\begin{pmatrix}x_1\\x_2\\\vdots\\x_n\end{pmatrix}$, $\boldsymbol{y}=\begin{pmatrix}y_1\\y_2\\\vdots\\y_n\end{pmatrix}$, 则性质 (4) 可表示为

$$\left|\sum_{i=1}^{n}x_iy_i\right|\leqslant\sqrt{\sum_{i=1}^{n}x_i^2}\cdot\sqrt{\sum_{i=1}^{n}y_i^2}\ .$$

上述不等式称为**施瓦茨不等式**.

当 $||\boldsymbol{x}||=1$ 时, 称 $\boldsymbol{x}$**为单位向量**.

当 $\boldsymbol{x}\neq\mathbf{0}$, $\boldsymbol{y}\neq\mathbf{0}$ 时, 由施瓦茨不等式, 有

$$\left|\frac{[\boldsymbol{x},\boldsymbol{y}]}{||\boldsymbol{x}||\cdot||\boldsymbol{y}||}\right|\leqslant 1.$$

定义

$$\theta=\arccos\frac{[\boldsymbol{x},\boldsymbol{y}]}{||\boldsymbol{x}||\cdot||\boldsymbol{y}||},$$

称 θ 为 n 维向量 $\boldsymbol{x}$ 与 $\boldsymbol{y}$ 的夹角.

当 $[\boldsymbol{x},\boldsymbol{y}]=0$ 时, 称向量 $\boldsymbol{x}$ 与 $\boldsymbol{y}$ **正交**. 显然, 若 $\boldsymbol{x}=\mathbf{0}$, 则 $\boldsymbol{x}$ 与任何向量都正交.

定理 5 若 n 维向量 $\boldsymbol{\alpha}_1,\boldsymbol{\alpha}_2,\cdots,\boldsymbol{\alpha}_r$ 是一组两两正交的非零向量, 则 $\boldsymbol{\alpha}_1,\boldsymbol{\alpha}_2,\cdots,\boldsymbol{\alpha}_r$ 线性无关.

证明 设有数 $k_1,k_2,\cdots,k_r$, 使得

$$k_1\boldsymbol{\alpha}_1+k_2\boldsymbol{\alpha}_2+\cdots+k_r\boldsymbol{\alpha}_r=\mathbf{0}.$$

用 $\boldsymbol{\alpha}_i(1\leqslant i\leqslant r)$ 在上式两边分别作内积, 有

$$[\boldsymbol{\alpha}_i,k_1\boldsymbol{\alpha}_1+k_2\boldsymbol{\alpha}_2+\cdots+k_r\boldsymbol{\alpha}_r]=[\boldsymbol{\alpha}_i,\mathbf{0}]=0,$$

即

$$k_1\boldsymbol{\alpha}_i^{\mathrm{T}}\boldsymbol{\alpha}_1+k_2\boldsymbol{\alpha}_i^{\mathrm{T}}\boldsymbol{\alpha}_2+\cdots+k_r\boldsymbol{\alpha}_i^{\mathrm{T}}\boldsymbol{\alpha}_r=0.$$

因为 $\boldsymbol{\alpha}_i^{\mathrm{T}}\boldsymbol{\alpha}_j=0\quad(i\neq j)$, 所以上式化为

$$k_i\boldsymbol{\alpha}_i^{\mathrm{T}}\boldsymbol{\alpha}_i=0.$$

而 $\boldsymbol{\alpha}_i\neq\mathbf{0}$, 故 $\boldsymbol{\alpha}_i^{\mathrm{T}}\boldsymbol{\alpha}_i=||\boldsymbol{\alpha}_i||^2\neq 0$, 所以 $k_i=0\quad(1\leqslant i\leqslant r)$. 因此, 向量组 $\boldsymbol{\alpha}_1,\boldsymbol{\alpha}_2,\cdots,\boldsymbol{\alpha}_r$ 线性无关.

定义 4.5　设 n 维向量 $\boldsymbol{e}_1,\boldsymbol{e}_2,\cdots,\boldsymbol{e}_r$ 是向量空间 V $(V\subset\mathbf{R}^n)$ 的一个基, 如果 $\boldsymbol{e}_1,\boldsymbol{e}_2,\cdots,\boldsymbol{e}_r$ 两两正交, 且为单位向量, 则称 $\boldsymbol{e}_1,\boldsymbol{e}_2,\cdots,\boldsymbol{e}_r$ 为向量空间 V 的一个**规范正交基**(**或标准正交基**).

例如

$$\boldsymbol{e}_1=\begin{pmatrix}\dfrac{1}{\sqrt{2}}\\\dfrac{1}{\sqrt{2}}\\0\\0\end{pmatrix},\quad \boldsymbol{e}_2=\begin{pmatrix}\dfrac{1}{\sqrt{2}}\\-\dfrac{1}{\sqrt{2}}\\0\\0\end{pmatrix},\quad \boldsymbol{e}_3=\begin{pmatrix}0\\0\\\dfrac{1}{\sqrt{2}}\\\dfrac{1}{\sqrt{2}}\end{pmatrix},\quad \boldsymbol{e}_4=\begin{pmatrix}0\\0\\\dfrac{1}{\sqrt{2}}\\-\dfrac{1}{\sqrt{2}}\end{pmatrix}$$

是向量空间 $\mathbf{R}^4$ 的一个规范正交基.

设 $\boldsymbol{e}_1,\boldsymbol{e}_2,\cdots,\boldsymbol{e}_r$ 是向量空间 V 的一个规范正交基, 则 V 中的任意一个向量 $\boldsymbol{\alpha}$ 能由 $\boldsymbol{e}_1,\boldsymbol{e}_2,\cdots,\boldsymbol{e}_r$ 线性表示, 设表示式为

$$\boldsymbol{\alpha}=\lambda_1\boldsymbol{e}_1+\lambda_2\boldsymbol{e}_2+\cdots+\lambda_r\boldsymbol{e}_r.$$

为求其中的系数 $\lambda_i\quad(i=1,2,\cdots,r)$, 可用 $\boldsymbol{e}_i^{\mathrm{T}}$ 左乘上式, 有

$$\boldsymbol{e}_i^{\mathrm{T}}\boldsymbol{\alpha}=\lambda_i\boldsymbol{e}_i^{\mathrm{T}}\boldsymbol{e}_i=\lambda_i.$$

这就是向量在规范正交基中坐标的计算公式. 利用这个公式能方便地求得向量 $\boldsymbol{\alpha}$ 在规范正交基 $\boldsymbol{e}_1,\boldsymbol{e}_2,\cdots,\boldsymbol{e}_r$ 下的坐标 $(\lambda_1,\lambda_2,\cdots,\lambda_r)$. 因此, 我们在给出向量空间的基时常常取规范正交基.

设 $\boldsymbol{\alpha}_1,\boldsymbol{\alpha}_2,\cdots,\boldsymbol{\alpha}_r$ 是向量空间 V 的一个基, 为了得到与 $\boldsymbol{\alpha}_1,\boldsymbol{\alpha}_2,\cdots,\boldsymbol{\alpha}_r$ 等价的一个规范正交基 $\boldsymbol{e}_1,\boldsymbol{e}_2,\cdots,\boldsymbol{e}_r$. 这一过程, 称为把基 $\boldsymbol{\alpha}_1,\boldsymbol{\alpha}_2,\cdots,\boldsymbol{\alpha}_r$ 规范正交化, 可按如下两个步骤进行:

(1) 正交化：令

$$\begin{aligned}
&\boldsymbol{\beta}_1=\boldsymbol{\alpha}_1;\\
&\boldsymbol{\beta}_2=\boldsymbol{\alpha}_2-\frac{[\boldsymbol{\beta}_1,\boldsymbol{\alpha}_2]}{[\boldsymbol{\beta}_1,\boldsymbol{\beta}_1]}\boldsymbol{\beta}_1;\\
&\cdots\cdots\\
&\boldsymbol{\beta}_r=\boldsymbol{\alpha}_r-\frac{[\boldsymbol{\beta}_1,\boldsymbol{\alpha}_r]}{[\boldsymbol{\beta}_1,\boldsymbol{\beta}_1]}\boldsymbol{\beta}_1-\frac{[\boldsymbol{\beta}_2,\boldsymbol{\alpha}_r]}{[\boldsymbol{\beta}_2,\boldsymbol{\beta}_2]}\boldsymbol{\beta}_2-\cdots-\frac{[\boldsymbol{\beta}_{r-1},\boldsymbol{\alpha}_r]}{[\boldsymbol{\beta}_{r-1},\boldsymbol{\beta}_{r-1}]}\boldsymbol{\beta}_{r-1}.
\end{aligned}$$

容易验证 $\boldsymbol{\beta}_1,\boldsymbol{\beta}_2,\cdots,\boldsymbol{\beta}_r$ 两两正交, 且 $\boldsymbol{\beta}_1,\boldsymbol{\beta}_2,\cdots,\boldsymbol{\beta}_r$ 与 $\boldsymbol{\alpha}_1,\boldsymbol{\alpha}_2,\cdots,\boldsymbol{\alpha}_r$ 等价. 上述过程也称为**施密特正交化**.

(2) 单位化：令

$$\boldsymbol{e}_1=\frac{1}{||\boldsymbol{\beta}_1||}\boldsymbol{\beta}_1,\quad \boldsymbol{e}_2=\frac{1}{||\boldsymbol{\beta}_2||}\boldsymbol{\beta}_2,\cdots,\quad \boldsymbol{e}_r=\frac{1}{||\boldsymbol{\beta}_r||}\boldsymbol{\beta}_r,$$

则 $\boldsymbol{e}_1, \boldsymbol{e}_2, \cdots, \boldsymbol{e}_r$ 是向量空间 V 的一个规范正交基.

例 4.11 利用施密特正交化方法将向量组 $\boldsymbol{\alpha}_1 = \begin{pmatrix} 1 \\ 1 \\ 1 \end{pmatrix}, \boldsymbol{\alpha}_2 = \begin{pmatrix} 1 \\ 1 \\ 0 \end{pmatrix}, \boldsymbol{\alpha}_3 = \begin{pmatrix} 0 \\ 1 \\ 1 \end{pmatrix}$ 正交规范化.

解 不难验证, 向量组 $\boldsymbol{\alpha}_1, \boldsymbol{\alpha}_2, \boldsymbol{\alpha}_3$ 线性无关. 取

$$\boldsymbol{\beta}_1 = \boldsymbol{\alpha}_1 = \begin{pmatrix} 1 \\ 1 \\ 1 \end{pmatrix};$$

$$\boldsymbol{\beta}_2 = \boldsymbol{\alpha}_2 - \frac{[\boldsymbol{\beta}_1, \boldsymbol{\alpha}_2]}{[\boldsymbol{\beta}_1, \boldsymbol{\beta}_1]}\boldsymbol{\beta}_1 = \begin{pmatrix} 1 \\ 1 \\ 0 \end{pmatrix} - \frac{2}{3}\begin{pmatrix} 1 \\ 1 \\ 1 \end{pmatrix} = \frac{1}{3}\begin{pmatrix} 1 \\ 1 \\ -2 \end{pmatrix};$$

$$\boldsymbol{\beta}_3 = \boldsymbol{\alpha}_3 - \frac{[\boldsymbol{\beta}_1, \boldsymbol{\alpha}_3]}{[\boldsymbol{\beta}_1, \boldsymbol{\beta}_1]}\boldsymbol{\beta}_1 - \frac{[\boldsymbol{\beta}_2, \boldsymbol{\alpha}_3]}{[\boldsymbol{\beta}_2, \boldsymbol{\beta}_2]}$$

$$\boldsymbol{\beta}_2 = \begin{pmatrix} 0 \\ 1 \\ 1 \end{pmatrix} - \frac{2}{3}\begin{pmatrix} 1 \\ 1 \\ 1 \end{pmatrix} + \frac{3}{2} \cdot \frac{1}{9}\begin{pmatrix} 1 \\ 1 \\ -2 \end{pmatrix}$$

$$= \frac{1}{2}\begin{pmatrix} -1 \\ 1 \\ 0 \end{pmatrix}.$$

再把它们单位化, 令

$$\boldsymbol{e}_1 = \frac{1}{||\boldsymbol{\beta}_1||}\boldsymbol{\beta}_1 = \frac{1}{\sqrt{3}}\begin{pmatrix} 1 \\ 1 \\ 1 \end{pmatrix}, \quad \boldsymbol{e}_2 = \frac{1}{||\boldsymbol{\beta}_2||}\boldsymbol{\beta}_2 = \frac{1}{\sqrt{6}}\begin{pmatrix} 1 \\ 1 \\ -2 \end{pmatrix},$$

$$\boldsymbol{e}_3 = \frac{1}{||\boldsymbol{\beta}_3||}\boldsymbol{\beta}_3 = \frac{1}{\sqrt{2}}\begin{pmatrix} -1 \\ 1 \\ 0 \end{pmatrix},$$

则 $\boldsymbol{e}_1, \boldsymbol{e}_2, \boldsymbol{e}_3$ 为所求两两正交的单位向量组.

例 4.12 已知向量 $\boldsymbol{\alpha}_1=\begin{pmatrix}1\\-1\\-1\end{pmatrix}$, 求向量 $\boldsymbol{\alpha}_2$, $\boldsymbol{\alpha}_3$, 使得 $\boldsymbol{\alpha}_1,\boldsymbol{\alpha}_2,\boldsymbol{\alpha}_3$ 两两正交.

解 由题意 $\boldsymbol{\alpha}_2$, $\boldsymbol{\alpha}_3$ 应是齐次线性方程组 $\boldsymbol{\alpha}_1^{\mathrm{T}}\boldsymbol{x}=0$ 的解. 解此方程组

$$x_1-x_2-x_3=0,$$

得基础解系 $\boldsymbol{\xi}_1=\begin{pmatrix}1\\1\\0\end{pmatrix}$, $\boldsymbol{\xi}_2=\begin{pmatrix}1\\0\\1\end{pmatrix}$.

将 $\boldsymbol{\xi}_1,\boldsymbol{\xi}_2$ 正交化, 有

$$\boldsymbol{\alpha}_2=\boldsymbol{\xi}_1=\begin{pmatrix}1\\1\\0\end{pmatrix},\quad \boldsymbol{\alpha}_3=\boldsymbol{\xi}_2-\frac{[\boldsymbol{\alpha}_2,\boldsymbol{\xi}_2]}{[\boldsymbol{\alpha}_2,\boldsymbol{\alpha}_2]}\boldsymbol{\alpha}_2=\begin{pmatrix}1\\0\\1\end{pmatrix}-\frac{1}{2}\begin{pmatrix}1\\1\\0\end{pmatrix}=\frac{1}{2}\begin{pmatrix}1\\-1\\2\end{pmatrix}.$$

定义 4.6 如果 n 阶矩阵 $\boldsymbol{A}$ 满足

$$\boldsymbol{A}^{\mathrm{T}}\boldsymbol{A}=\boldsymbol{E},\ 即\ \boldsymbol{A}^{-1}=\boldsymbol{A}^{\mathrm{T}},$$

则称矩阵 $\boldsymbol{A}$ 为**正交矩阵**, 简称**正交阵**.

根据定义, 正交矩阵具有以下性质:

(1) 如果矩阵 $\boldsymbol{A}$ 是正交矩阵, 则 $|\boldsymbol{A}|=1$ 或 (-1);

(2) 如果矩阵 $\boldsymbol{A},\boldsymbol{B}$ 都是正交矩阵, 则 $\boldsymbol{AB}$ 也是正交矩阵.

证明 (1) 因矩阵 $\boldsymbol{A}$ 是正交矩阵, 由定义, 有 $\boldsymbol{A}^{\mathrm{T}}\boldsymbol{A}=\boldsymbol{E}$. 取行列式, 得 $|\boldsymbol{A}^{\mathrm{T}}\boldsymbol{A}|=|\boldsymbol{E}|$. 再由行列式的性质, 有 $|\boldsymbol{A}|^2=1$, 即 $|\boldsymbol{A}|=1$ 或 (-1).

(2) 因 $\boldsymbol{A},\boldsymbol{B}$ 都是正交矩阵, 由定义, 有 $\boldsymbol{A}^{\mathrm{T}}\boldsymbol{A}=\boldsymbol{E}$, $\boldsymbol{B}^{\mathrm{T}}\boldsymbol{B}=\boldsymbol{E}$, 故

$$(\boldsymbol{AB})^{\mathrm{T}}(\boldsymbol{AB})=\boldsymbol{B}^{\mathrm{T}}(\boldsymbol{A}^{\mathrm{T}}\boldsymbol{A})\boldsymbol{B}=\boldsymbol{B}^{\mathrm{T}}\boldsymbol{E}\boldsymbol{B}=\boldsymbol{B}^{\mathrm{T}}\boldsymbol{B}=\boldsymbol{E}.$$

因此, $\boldsymbol{AB}$ 也是正交矩阵.

定理 6 n 阶矩阵 $\boldsymbol{A}$ 为正交矩阵的充分必要条件是 $\boldsymbol{A}$ 的列向量组是两两正交的单位向量组.

证明 将矩阵 $\boldsymbol{A}$ 按列分块, 记 $\boldsymbol{A}=(\boldsymbol{\alpha}_1,\boldsymbol{\alpha}_2,\cdots,\boldsymbol{\alpha}_n)$. 因 $\boldsymbol{A}$ 是正交矩阵, 由定义, 有 $\boldsymbol{A}^{\mathrm{T}}\boldsymbol{A}=\boldsymbol{E}$, 即

$$\begin{pmatrix}\boldsymbol{\alpha}_1^{\mathrm{T}}\\\boldsymbol{\alpha}_2^{\mathrm{T}}\\\vdots\\\boldsymbol{\alpha}_n^{\mathrm{T}}\end{pmatrix}(\boldsymbol{\alpha}_1,\boldsymbol{\alpha}_2,\cdots,\boldsymbol{\alpha}_n)=\begin{pmatrix}\boldsymbol{\alpha}_1^{\mathrm{T}}\boldsymbol{\alpha}_1 & \boldsymbol{\alpha}_1^{\mathrm{T}}\boldsymbol{\alpha}_2 & \cdots & \boldsymbol{\alpha}_1^{\mathrm{T}}\boldsymbol{\alpha}_n\\\boldsymbol{\alpha}_2^{\mathrm{T}}\boldsymbol{\alpha}_1 & \boldsymbol{\alpha}_2^{\mathrm{T}}\boldsymbol{\alpha}_2 & \cdots & \boldsymbol{\alpha}_2^{\mathrm{T}}\boldsymbol{\alpha}_n\\\vdots & \vdots & & \vdots\\\boldsymbol{\alpha}_n^{\mathrm{T}}\boldsymbol{\alpha}_1 & \boldsymbol{\alpha}_n^{\mathrm{T}}\boldsymbol{\alpha}_2 & \cdots & \boldsymbol{\alpha}_n^{\mathrm{T}}\boldsymbol{\alpha}_n\end{pmatrix}=\boldsymbol{E}.$$

上式等价于

$$\begin{cases} \boldsymbol{\alpha}_i^{\mathrm{T}}\boldsymbol{\alpha}_i = ||\boldsymbol{\alpha}_i||^2 = 1, \quad i = 1, 2, \cdots, n, \\ \boldsymbol{\alpha}_i^{\mathrm{T}}\boldsymbol{\alpha}_j = 0, \quad i \neq j;\ i, j = 1, 2, \cdots, n, \end{cases}$$

所以, $\boldsymbol{A}$ 为正交矩阵的充分必要条件是 $\boldsymbol{A}$ 的列向量组是两两正交的单位向量组.

因为 $\boldsymbol{A}^{\mathrm{T}}\boldsymbol{A} = \boldsymbol{E}$ 与 $\boldsymbol{A}\boldsymbol{A}^{\mathrm{T}} = \boldsymbol{E}$ 等价, 类似可得, $\boldsymbol{A}$ 为正交矩阵的充分必要条件是 $\boldsymbol{A}$ 的行向量组是两两正交的单位向量组.

4.3.2 实对称矩阵的对角化

定理 7 实对称矩阵的特征值一定是实数.

证明 设实对称矩阵 $\boldsymbol{A}$ 的特征值为复数 λ, 其对应的特征向量 $\boldsymbol{x}$ 为复向量, 即

$$\boldsymbol{A}\boldsymbol{x} = \lambda\boldsymbol{x}, \quad \boldsymbol{x} \neq \boldsymbol{0}.$$

用 $\overline{\lambda}$ 表示 λ 的共轭复数, $\overline{\boldsymbol{x}}$ 表示 $\boldsymbol{x}$ 的共轭复向量. 因 $\boldsymbol{A}$ 为实矩阵, 则

$$\boldsymbol{A}\overline{\boldsymbol{x}} = \overline{\boldsymbol{A}}\overline{\boldsymbol{x}} = (\overline{\boldsymbol{A}\boldsymbol{x}}) = \overline{\lambda\boldsymbol{x}} = \overline{\lambda}\overline{\boldsymbol{x}},$$

于是, 有

$$\overline{\boldsymbol{x}}^{\mathrm{T}}\boldsymbol{A}\boldsymbol{x} = \overline{\boldsymbol{x}}^{\mathrm{T}}(\boldsymbol{A}\boldsymbol{x}) = \overline{\boldsymbol{x}}^{\mathrm{T}}(\lambda\boldsymbol{x}) = \lambda(\overline{\boldsymbol{x}}^{\mathrm{T}}\boldsymbol{x}).$$

另外

$$\overline{\boldsymbol{x}}^{\mathrm{T}}\boldsymbol{A}\boldsymbol{x} = (\overline{\boldsymbol{x}}^{\mathrm{T}}\boldsymbol{A}^{\mathrm{T}})\boldsymbol{x} = (\boldsymbol{A}\overline{\boldsymbol{x}})^{\mathrm{T}}\boldsymbol{x} = \overline{\lambda}(\overline{\boldsymbol{x}}^{\mathrm{T}}\boldsymbol{x}),$$

两式相减, 得 $(\lambda - \overline{\lambda})\overline{\boldsymbol{x}}^{\mathrm{T}}\boldsymbol{x} = 0$. 因 $\boldsymbol{x} \neq \boldsymbol{0}$, 所以

$$\overline{\boldsymbol{x}}^{\mathrm{T}}\boldsymbol{x} = \sum_{i=1}^{n} \overline{x_i}x_i = \sum_{i=1}^{n} |x_i|^2 \neq 0.$$

因此 $\lambda - \overline{\lambda} = 0$, 即 $\lambda = \overline{\lambda}$. 这说明 λ 是实数.

对实对称矩阵 $\boldsymbol{A}$, 其特征值 λ_i 是实数, 方程组 $(\boldsymbol{A} - \lambda_i\boldsymbol{E})\boldsymbol{x} = \boldsymbol{0}$ 为实系数方程组. 由 $|\boldsymbol{A} - \lambda_i\boldsymbol{E}| = 0$ 知, 必有实基础解系. 所以 $\boldsymbol{A}$ 的特征向量可取实向量.

定理 8 设 λ_1, λ_2 是实对称矩阵 $\boldsymbol{A}$ 的两个不相等的特征值, 其对应的特征向量分别为 $\boldsymbol{p}_1, \boldsymbol{p}_2$, 则 $\boldsymbol{p}_1$ 与 $\boldsymbol{p}_2$ 正交.

证明 因 λ_1, λ_2 是矩阵 $\boldsymbol{A}$ 的特征值, 其对应的特征向量分别为 $\boldsymbol{p}_1, \boldsymbol{p}_2$. 由特征值与特征向量的定义, 有

$$\boldsymbol{A}\boldsymbol{p}_1 = \lambda_1\boldsymbol{p}_1, \quad \boldsymbol{A}\boldsymbol{p}_2 = \lambda_2\boldsymbol{p}_2.$$

因 $\boldsymbol{A}$ 是对称矩阵, 故 $\lambda_1\boldsymbol{p}_1^{\mathrm{T}} = (\lambda_1\boldsymbol{p}_1)^{\mathrm{T}} = (\boldsymbol{A}\boldsymbol{p}_1)^{\mathrm{T}} = \boldsymbol{p}_1^{\mathrm{T}}\boldsymbol{A}^{\mathrm{T}} = \boldsymbol{p}_1^{\mathrm{T}}\boldsymbol{A}$, 于是

$$\lambda_1\boldsymbol{p}_1^{\mathrm{T}}\boldsymbol{p}_2 = \boldsymbol{p}_1^{\mathrm{T}}\boldsymbol{A}\boldsymbol{p}_2 = \boldsymbol{p}_1^{\mathrm{T}}(\lambda_2\boldsymbol{p}_2) = \lambda_2\boldsymbol{p}_1^{\mathrm{T}}\boldsymbol{p}_2,$$

即 $(\lambda_1-\lambda_2)\boldsymbol{p}_1^{\mathrm{T}}\boldsymbol{p}_2=0$. 因 $\lambda_1\neq\lambda_2$, 所以 $\boldsymbol{p}_1^{\mathrm{T}}\boldsymbol{p}_2=0$, 即 $\boldsymbol{p}_1$ 与 $\boldsymbol{p}_2$ 正交.

定理 9 设 $\boldsymbol{A}$ 为 n 阶实对称矩阵, λ 是 $\boldsymbol{A}$ 的特征方程的 k 重根, 则矩阵 $\boldsymbol{A}-\lambda\boldsymbol{E}$ 的秩 $R(\boldsymbol{A}-\lambda\boldsymbol{E})=n-k$, 从而对应特征值 λ 恰有 k 个线性无关的特征向量.

此定理不予证明.

设矩阵 $\boldsymbol{A}$ 为 n 阶实对称矩阵, $\lambda_1,\lambda_2\cdots,\lambda_s$ 为矩阵 $\boldsymbol{A}$ 的互不相等的特征值, 其重数分别为 $k_1,k_2,\cdots,k_s(k_1+k_2+\cdots+k_s=n)$. 由定理 9, 对应特征值 $\lambda_i(i=1,2,\cdots,s)$ 恰有 k_i 个线性无关的特征向量, 将其正交化、单位化, 得 k_i 个单位正交的特征向量. 由 $k_1+k_2+\cdots+k_s=n$ 知, 得 n 个两两正交的单位特征向量, 以它们为列向量构成一正交矩阵 $\boldsymbol{P}$, 则有

$$\boldsymbol{P}^{-1}\boldsymbol{AP}=\boldsymbol{\Lambda},$$

其中, $\boldsymbol{\Lambda}$ 的对角线上的元素含有 k_i 个 $\lambda_i(i=1,2,\cdots,s)$, 因此有以下定理.

定理 10 设 $\boldsymbol{A}$ 为 n 阶实对称矩阵, 则必有正交矩阵 $\boldsymbol{P}$, 使 $\boldsymbol{P}^{-1}\boldsymbol{AP}=\boldsymbol{P}^{\mathrm{T}}\boldsymbol{AP}=\boldsymbol{\Lambda}$. 其中 $\boldsymbol{\Lambda}$ 是以 $\boldsymbol{A}$ 的 n 个特征值为对角元素的对角矩阵.

根据定理 9 和定理 10, 将一个 n 阶实对称矩阵 $\boldsymbol{A}$ 对角化的步骤为

(1) 求出 $\boldsymbol{A}$ 的全部互不相等的特征值 $\lambda_1,\lambda_2,\cdots,\lambda_s$, 它们的重数分别 $k_1,k_2,\cdots,k_s(k_1+k_2+\cdots+k_s=n)$;

(2) 对每个 k_i 重特征值 λ_i, 由 $(\boldsymbol{A}-\lambda_i\boldsymbol{E})\boldsymbol{x}=\boldsymbol{0}$ 求出基础解系, 得 k_i 个线性无关的特征向量, 把它们正交化、单位化, 便得 n 个两两正交的单位特征向量 $\boldsymbol{p}_1,\boldsymbol{p}_2,\cdots,\boldsymbol{p}_n$;

(3) 令 $\boldsymbol{P}=(\boldsymbol{p}_1,\boldsymbol{p}_2,\cdots,\boldsymbol{p}_n)$, 便有 $\boldsymbol{P}^{-1}\boldsymbol{AP}=\boldsymbol{P}^{\mathrm{T}}\boldsymbol{AP}=\boldsymbol{\Lambda}$.

[注] $\boldsymbol{P}$ 中列向量的次序与矩阵 $\boldsymbol{\Lambda}$ 对角线上的特征值的次序相对应.

例 4.13 设矩阵 $\boldsymbol{A}=\begin{pmatrix}1&0&1\\0&2&0\\1&0&1\end{pmatrix}$, 求正交矩阵 $\boldsymbol{P}$, 使 $\boldsymbol{P}^{-1}\boldsymbol{AP}$ 为对角矩阵, 并求 $\boldsymbol{A}^n$.

解 矩阵 $\boldsymbol{A}$ 的特征多项式

$$|\boldsymbol{A}-\lambda\boldsymbol{E}|=\begin{vmatrix}1-\lambda&0&1\\0&2-\lambda&0\\1&0&1-\lambda\end{vmatrix}=-\lambda(\lambda-2)^2.$$

令 $|\boldsymbol{A}-\lambda\boldsymbol{E}|=0$, 得 $\boldsymbol{A}$ 的特征值: $\lambda_1=0$, $\lambda_2=\lambda_3=2$.

对 $\lambda_1=0$, 解齐次线性方程组 $(\boldsymbol{A}-0\cdot\boldsymbol{E})\boldsymbol{x}=\boldsymbol{0}$, 得对应的特征向量 $\boldsymbol{\xi}_1=$

$\begin{pmatrix} 1 \\ 0 \\ -1 \end{pmatrix}$, 将 $\boldsymbol{\xi}_1$ 单位化, 得

$$\boldsymbol{p}_1 = \begin{pmatrix} \frac{1}{\sqrt{2}} \\ 0 \\ -\frac{1}{\sqrt{2}} \end{pmatrix}.$$

对 $\lambda_2 = \lambda_3 = 2$, 解齐次线性方程组 $(\boldsymbol{A} - 2\boldsymbol{E})\boldsymbol{x} = \boldsymbol{0}$, 得对应的线性无关的特征向量 $\boldsymbol{\xi}_2 = \begin{pmatrix} 1 \\ 0 \\ 1 \end{pmatrix}$, $\boldsymbol{\xi}_3 = \begin{pmatrix} 0 \\ 1 \\ 0 \end{pmatrix}$. 因 $\boldsymbol{\xi}_2$, $\boldsymbol{\xi}_3$ 正交, 只需将其单位化, 得

$$\boldsymbol{p}_2 = \frac{1}{||\boldsymbol{\xi}_2||}\boldsymbol{\xi}_2 = \begin{pmatrix} \frac{1}{\sqrt{2}} \\ 0 \\ \frac{1}{\sqrt{2}} \end{pmatrix}, \quad \boldsymbol{p}_3 = \frac{1}{||\boldsymbol{\xi}_3||}\boldsymbol{\xi}_3 = \begin{pmatrix} 0 \\ 1 \\ 0 \end{pmatrix}.$$

将 $\boldsymbol{p}_1, \boldsymbol{p}_2, \boldsymbol{p}_3$ 构成正交矩阵

$$\boldsymbol{P} = (\boldsymbol{p}_1, \boldsymbol{p}_2, \boldsymbol{p}_3) = \begin{pmatrix} \frac{1}{\sqrt{2}} & \frac{1}{\sqrt{2}} & 0 \\ 0 & 0 & 1 \\ -\frac{1}{\sqrt{2}} & \frac{1}{\sqrt{2}} & 0 \end{pmatrix},$$

有

$$\boldsymbol{P}^{-1}\boldsymbol{A}\boldsymbol{P} = \boldsymbol{P}^{\mathrm{T}}\boldsymbol{A}\boldsymbol{P} = \begin{pmatrix} 0 & 0 & 0 \\ 0 & 2 & 0 \\ 0 & 0 & 2 \end{pmatrix}.$$

由 $\boldsymbol{P}^{-1}\boldsymbol{A}\boldsymbol{P} = \boldsymbol{\Lambda}$, 有 $\boldsymbol{A} = \boldsymbol{P}\boldsymbol{\Lambda}\boldsymbol{P}^{-1} = \boldsymbol{P}\boldsymbol{\Lambda}\boldsymbol{P}^{\mathrm{T}}$, 所以

$$\boldsymbol{A}^n = \boldsymbol{P}\boldsymbol{\Lambda}^n\boldsymbol{P}^{\mathrm{T}} = \begin{pmatrix} \frac{1}{\sqrt{2}} & \frac{1}{\sqrt{2}} & 0 \\ 0 & 0 & 1 \\ -\frac{1}{\sqrt{2}} & \frac{1}{\sqrt{2}} & 0 \end{pmatrix} \begin{pmatrix} 0 & 0 & 0 \\ 0 & 2^n & 0 \\ 0 & 0 & 2^n \end{pmatrix} \begin{pmatrix} \frac{1}{\sqrt{2}} & 0 & -\frac{1}{\sqrt{2}} \\ \frac{1}{\sqrt{2}} & 0 & \frac{1}{\sqrt{2}} \\ 0 & 1 & 0 \end{pmatrix}$$

$$= \begin{pmatrix} 2^{n-1} & 0 & 2^{n-1} \\ 0 & 2^n & 0 \\ 2^{n-1} & 0 & 2^{n-1}. \end{pmatrix}.$$

例 4.14　设 3 阶实对称矩阵 $\boldsymbol{A}$ 的特征值为 $\lambda_1=-1$, $\lambda_2=\lambda_3=1$, 对应于 λ_1 的特征向量 $\boldsymbol{p}_1=\begin{pmatrix}1\\1\\1\end{pmatrix}$, 求属于特征值 $\lambda_2=\lambda_3=1$ 的特征向量及 $\boldsymbol{A}$.

解　设矩阵 $\boldsymbol{A}$ 对应特征值 $\lambda_2=\lambda_3=1$ 的特征向量为 $\boldsymbol{x}=(x_1,x_2,x_3)^{\mathrm{T}}$. 因实对称矩阵对应不同特征值的特征向量正交, $\boldsymbol{p}_1^{\mathrm{T}}\boldsymbol{x}=0$, 即

$$x_1+x_2+x_3=0.$$

解此方程得基础解系: $\boldsymbol{p}_2=\begin{pmatrix}-1\\1\\0\end{pmatrix}$, $\boldsymbol{p}_3=\begin{pmatrix}-1\\0\\1\end{pmatrix}$.

因此, $k_1\boldsymbol{p}_2+k_2\boldsymbol{p}_3$ (k_1,k_2 为不全为 0 的任意实数) 为矩阵 $\boldsymbol{A}$ 对应特征值 $\lambda_2=\lambda_3=1$ 的全部特征向量.

将 $\boldsymbol{p}_1$ 单位化, 得

$$\boldsymbol{\eta}_1=\frac{1}{||\boldsymbol{p}_1||}\boldsymbol{p}_1=\begin{pmatrix}\frac{1}{\sqrt{3}}\\\frac{1}{\sqrt{3}}\\\frac{1}{\sqrt{3}}\end{pmatrix}.$$

将 $\boldsymbol{p}_2$, $\boldsymbol{p}_3$ 正交化, 令

$$\boldsymbol{\xi}_2=\boldsymbol{p}_2=\begin{pmatrix}-1\\1\\0\end{pmatrix},$$

$$\boldsymbol{\xi}_3=\boldsymbol{p}_3-\frac{[\boldsymbol{\xi}_2,\boldsymbol{p}_3]}{[\boldsymbol{\xi}_2,\boldsymbol{\xi}_2]}\boldsymbol{\xi}_2=\begin{pmatrix}-1\\0\\1\end{pmatrix}-\frac{1}{2}\begin{pmatrix}-1\\1\\0\end{pmatrix}=\begin{pmatrix}-\frac{1}{2}\\-\frac{1}{2}\\1\end{pmatrix}.$$

再将 $\boldsymbol{\xi}_2$, $\boldsymbol{\xi}_3$ 单位化, 得

$$\boldsymbol{\eta}_2=\frac{1}{||\boldsymbol{\xi}_2||}\boldsymbol{\xi}_2=\begin{pmatrix}-\frac{1}{\sqrt{2}}\\\frac{1}{\sqrt{2}}\\0\end{pmatrix},\quad \boldsymbol{\eta}_3=\frac{1}{||\boldsymbol{\xi}_3||}\boldsymbol{\xi}_3=\begin{pmatrix}-\frac{\sqrt{6}}{6}\\-\frac{\sqrt{6}}{6}\\\frac{\sqrt{6}}{3}\end{pmatrix}.$$

将 $\boldsymbol{\eta}_1$, $\boldsymbol{\eta}_2$, $\boldsymbol{\eta}_3$ 构成正交矩阵

$$\boldsymbol{P}=(\boldsymbol{\eta}_1,\boldsymbol{\eta}_2,\boldsymbol{\eta}_3)=\begin{pmatrix}\frac{1}{\sqrt{3}} & -\frac{1}{\sqrt{2}} & -\frac{\sqrt{6}}{6}\\ \frac{1}{\sqrt{3}} & \frac{1}{\sqrt{2}} & -\frac{\sqrt{6}}{6}\\ \frac{1}{\sqrt{3}} & 0 & \frac{\sqrt{6}}{3}\end{pmatrix},$$

有

$$\boldsymbol{P}^{-1}\boldsymbol{A}\boldsymbol{P}=\boldsymbol{P}^{\mathrm{T}}\boldsymbol{A}\boldsymbol{P}=\boldsymbol{\Lambda}=\begin{pmatrix}-1 & 0 & 0\\ 0 & 1 & 0\\ 0 & 0 & 1\end{pmatrix}.$$

因此

$$\boldsymbol{A}=\boldsymbol{P}\boldsymbol{\Lambda}\boldsymbol{P}^{-1}=\boldsymbol{P}\boldsymbol{\Lambda}\boldsymbol{P}^{\mathrm{T}}=\begin{pmatrix}\frac{1}{\sqrt{3}} & -\frac{1}{\sqrt{2}} & -\frac{\sqrt{6}}{6}\\ \frac{1}{\sqrt{3}} & \frac{1}{\sqrt{2}} & -\frac{\sqrt{6}}{6}\\ \frac{1}{\sqrt{3}} & 0 & \frac{\sqrt{6}}{3}\end{pmatrix}\begin{pmatrix}-1 & 0 & 0\\ 0 & 1 & 0\\ 0 & 0 & 1\end{pmatrix}\begin{pmatrix}\frac{1}{\sqrt{3}} & \frac{1}{\sqrt{3}} & \frac{1}{\sqrt{3}}\\ -\frac{1}{\sqrt{2}} & \frac{1}{\sqrt{2}} & 0\\ -\frac{\sqrt{6}}{6} & -\frac{\sqrt{6}}{6} & \frac{\sqrt{6}}{3}\end{pmatrix}$$

$$=\frac{1}{3}\begin{pmatrix}1 & -2 & -2\\ -2 & 1 & -2\\ -2 & -2 & 1\end{pmatrix}.$$

习 题 4

1. 求下列矩阵的特征值及特征向量.

(1) $\begin{pmatrix}1 & 2 & 3\\ 2 & 1 & 3\\ 3 & 3 & 6\end{pmatrix}$; (2) $\begin{pmatrix}1 & 1 & 1 & 1\\ 1 & 1 & -1 & -1\\ 1 & -1 & 1 & -1\\ 1 & -1 & -1 & 1\end{pmatrix}$.

2. 已知 3 阶矩阵 $\boldsymbol{A}$ 的特征值为 $-1,0,1$, 求 $|\boldsymbol{A}^3-3\boldsymbol{A}^2+2\boldsymbol{E}|$.

3. 已知 3 阶矩阵 $\boldsymbol{A}$ 的特征值为 $1,2,-1$, 求 $|\boldsymbol{A}^*-\boldsymbol{A}+2\boldsymbol{E}|$.

4. 设 n 阶方阵 $\boldsymbol{A}$ 满足 $\boldsymbol{A}^2-5\boldsymbol{A}+4\boldsymbol{E}=\boldsymbol{O}$, 证明: 矩阵 $\boldsymbol{A}$ 的特征值只能是 1 或 4.

5. 设 $\boldsymbol{A}$, $\boldsymbol{B}$ 都是 n 阶方阵, 且 $|\boldsymbol{A}|\neq 0$, 证明: $\boldsymbol{AB}$ 与 $\boldsymbol{BA}$ 相似.

6. 设矩阵 $\boldsymbol{A}=\begin{pmatrix}2&0&1\\3&1&a\\4&0&5\end{pmatrix}$ 可相似对角化, 求 a.

7. 设矩阵 $\boldsymbol{A}=\begin{pmatrix}1&-1&1\\2&4&-2\\-3&-3&a\end{pmatrix}$ 与对角矩阵 $\boldsymbol{\Lambda}=\begin{pmatrix}2&0&0\\0&2&0\\0&0&b\end{pmatrix}$ 相似,

(1) 求 a, b 的值;

(2) 求可逆矩阵 $\boldsymbol{P}$, 使 $\boldsymbol{P}^{-1}\boldsymbol{AP}=\boldsymbol{\Lambda}$.

8. 已知 $\boldsymbol{A}=\begin{pmatrix}-1&1&0\\-2&2&0\\4&x&1\end{pmatrix}$ 能对角化, 求 $\boldsymbol{A}^n$.

9. 已知 $\boldsymbol{p}=\begin{pmatrix}1\\1\\-1\end{pmatrix}$ 是矩阵 $\boldsymbol{A}=\begin{pmatrix}a&-1&2\\5&b&3\\-1&0&-2\end{pmatrix}$ 的一个特征向量.

(1) 求 a, b 的值及特征向量 $\boldsymbol{p}$ 对应的特征值;

(2) 问矩阵 $\boldsymbol{A}$ 能否相似对角化?

10. 设矩阵 $\boldsymbol{A}=\begin{pmatrix}3&2&-2\\-k&-1&k\\4&2&-3\end{pmatrix}$, 问 k 取何值时, 矩阵 $\boldsymbol{A}$ 相似于对角矩阵? 在 $\boldsymbol{A}$ 可对角化时, 可逆矩阵 $\boldsymbol{P}$, 使 $\boldsymbol{P}^{-1}\boldsymbol{AP}=\boldsymbol{\Lambda}$.

11. 设 3 阶实对称矩阵 $\boldsymbol{A}$ 的特征值分别是 $1,2,3$. 矩阵 $\boldsymbol{A}$ 对应特征值 $1,2$ 的特征向量分别是 $\boldsymbol{p}_1=\begin{pmatrix}-1\\-1\\1\end{pmatrix}$, $\boldsymbol{p}_2=\begin{pmatrix}1\\-2\\-1\end{pmatrix}$.

(1) 求矩阵 $\boldsymbol{A}$ 对应特征值 3 的特征向量;

(2) 求矩阵 $\boldsymbol{A}$.

12. 设 3 阶实对称矩阵 $\boldsymbol{A}$ 的特征值$\lambda_1 = -2$, $\lambda_2 = \lambda_3 = 1$, 对应 $\lambda_1 = -2$ 的特征向量为 $\boldsymbol{p}_1 = \begin{pmatrix} 1 \\ 1 \\ -1 \end{pmatrix}$.

(1) 求 $\boldsymbol{A}$ 对应于 $\lambda_2 = \lambda_3 = 1$ 的特征向量 $\boldsymbol{p}_2, \boldsymbol{p}_3$;

(2) 求矩阵 $\boldsymbol{A}$.

第5章 二 次 型

在解析几何中，对二次曲线

$$ax^2 + bxy + cy^2 + dx + ey + f = 0$$

可以利用坐标轴的平移和旋转将其化为标准方程来研究其几何特征. 本章将这类问题一般化，讨论 n 个变量的二次多项式的化简问题.

5.1 二次型及其矩阵

定义 5.1 含 n 个变量 $x_1, x_2, \cdots, x_n$ 的二次齐次多项式

$$\begin{aligned} f(x_1, x_2, \cdots, x_n) = & a_{11}x_1^2 + a_{22}x_2^2 + \cdots + a_{nn}x_n^2 + 2a_{12}x_1x_2 \\ & + 2a_{13}x_1x_3 + \cdots + 2a_{n-1,n}x_{n-1}x_n \end{aligned} \tag{5.1}$$

称为**二次型**.

当 $a_{ij}(i, j = 1, 2, \cdots, n)$ 为实数时，称 $f(x_1, x_2, \cdots, x_n)$ 为**实二次型**；当 $a_{ij}(i, j = 1, 2, \cdots, n)$ 为复数时，称 $f(x_1, x_2, \cdots, x_n)$ 为**复二次型**. 本章只讨论实二次型.

在式 (5.1) 中，令 $a_{ij} = a_{ji}(i, j = 1, 2, \cdots, n)$，则式 (5.1) 可表示为

$$\begin{aligned} f(x_1, x_2, \cdots, x_n) = & a_{11}x_1^2 + a_{12}x_1x_2 + \cdots + a_{1n}x_1x_n \\ & + a_{21}x_2x_1 + a_{22}x_2^2 + \cdots + a_{2n}x_2x_n \\ & + \cdots \\ & + a_{n1}x_nx_1 + a_{n2}x_nx_2 + \cdots + a_{nn}x_n^2 \\ = & x_1(a_{11}x_1 + a_{12}x_2 + \cdots + a_{1n}x_n) \\ & + x_2(a_{21}x_1 + a_{22}x_2 + \cdots + a_{2n}x_n) \\ & + \cdots \\ & + x_n(a_{n1}x_1 + a_{n2}x_2 + \cdots + a_{nn}x_n) \\ = & (x_1, x_2, \cdots, x_n) \begin{pmatrix} a_{11}x_1 + a_{12}x_2 + \cdots + a_{1n}x_n \\ a_{21}x_1 + a_{22}x_2 + \cdots + a_{2n}x_n \\ \vdots \\ a_{n1}x_1 + a_{n2}x_2 + \cdots + a_{nn}x_n \end{pmatrix} \end{aligned}$$

$$=(x_1,x_2,\cdots,x_n)\begin{pmatrix} a_{11} & a_{12} & \cdots & a_{1n} \\ a_{21} & a_{22} & \cdots & a_{2n} \\ \vdots & \vdots & & \vdots \\ a_{n1} & a_{n2} & \cdots & a_{nn} \end{pmatrix}\begin{pmatrix} x_1 \\ x_2 \\ \vdots \\ x_n \end{pmatrix}.$$

记 $\boldsymbol{x}=\begin{pmatrix} x_1 \\ x_2 \\ \vdots \\ x_n \end{pmatrix}$, $\boldsymbol{A}=\begin{pmatrix} a_{11} & a_{12} & \cdots & a_{1n} \\ a_{21} & a_{22} & \cdots & a_{2n} \\ \vdots & \vdots & & \vdots \\ a_{n1} & a_{n2} & \cdots & a_{nn} \end{pmatrix}$, 则二次型 (5.1) 可写成

$$f(x)=\boldsymbol{x}^{\mathrm{T}}\boldsymbol{A}\boldsymbol{x}, \tag{5.2}$$

其中 $\boldsymbol{A}$ 为对称矩阵, 称其为**二次型 $\boldsymbol{f(x)}$ 的矩阵**. 矩阵 $\boldsymbol{A}$ 的秩 $R(\boldsymbol{A})$ 称为**二次型的秩**.

例 5.1 设二次型 $f(x_1,x_2,x_3)=x_1^2+2x_2^2+2x_1x_2-4x_2x_3$, 写出二次型 f 的矩阵, 并求二次型 f 的秩.

解 二次型 f 的矩阵

$$\boldsymbol{A}=\begin{pmatrix} 1 & 1 & 0 \\ 1 & 2 & -2 \\ 0 & -2 & 0 \end{pmatrix}.$$

对 $\boldsymbol{A}$ 作初等行变换

$$\boldsymbol{A}=\begin{pmatrix} 1 & 1 & 0 \\ 1 & 2 & -2 \\ 0 & -2 & 0 \end{pmatrix}\to\begin{pmatrix} 1 & 1 & 0 \\ 0 & 1 & -2 \\ 0 & 0 & -4 \end{pmatrix},$$

所以 $R(\boldsymbol{A})=3$, 即二次型 f 的秩为 3.

称关系式

$$\begin{cases} x_1=c_{11}y_1+c_{12}y_2+\cdots+c_{1n}y_n, \\ x_2=c_{21}y_1+c_{22}y_2+\cdots+c_{2n}y_n, \\ \qquad\cdots\cdots \\ x_n=c_{n1}y_1+c_{n2}y_2+\cdots+c_{nn}y_n \end{cases} \tag{5.3}$$

为由 $y_1, y_2, \cdots, y_n$ 到 $x_1, x_2, \cdots, x_n$ 的一个**线性变换**. 记

$$\boldsymbol{C} = \begin{pmatrix} c_{11} & c_{12} & \cdots & c_{1n} \\ c_{21} & c_{22} & \cdots & c_{2n} \\ \vdots & \vdots & & \vdots \\ c_{n1} & c_{n2} & \cdots & c_{nn} \end{pmatrix},$$

则线性变换 (5.3) 可以写成矩阵形式

$$\boldsymbol{x} = \boldsymbol{C}\boldsymbol{y}.$$

称矩阵 $\boldsymbol{C}$ 为线性变换 (5.3) 的矩阵. 当 $\boldsymbol{C}$ 可逆时, 称该线性变换为**可逆线性变换**. 特别地, 当矩阵 $\boldsymbol{C}$ 为正交矩阵时, 称该线性变换为**正交变换**.

对二次型 $f = \boldsymbol{x}^{\mathrm{T}}\boldsymbol{A}\boldsymbol{x}$, 经可逆线性变换 $\boldsymbol{x} = \boldsymbol{C}\boldsymbol{y}$, 有

$$f = \boldsymbol{x}^{\mathrm{T}}\boldsymbol{A}\boldsymbol{x} = (\boldsymbol{C}\boldsymbol{y})^{\mathrm{T}}\boldsymbol{A}(\boldsymbol{C}\boldsymbol{y}) = \boldsymbol{y}^{\mathrm{T}}(\boldsymbol{C}^{\mathrm{T}}\boldsymbol{A}\boldsymbol{C})\boldsymbol{y}.$$

定义 5.2 设 $\boldsymbol{A}, \boldsymbol{B}$ 都是 n 阶矩阵, 若存在可逆矩阵 $\boldsymbol{C}$, 使 $\boldsymbol{B} = \boldsymbol{C}^{\mathrm{T}}\boldsymbol{A}\boldsymbol{C}$, 则称矩阵 $\boldsymbol{A}$ 与 $\boldsymbol{B}$**合同**.

令 $\boldsymbol{B} = \boldsymbol{C}^{\mathrm{T}}\boldsymbol{A}\boldsymbol{C}$, 因

$$\boldsymbol{B}^{\mathrm{T}} = (\boldsymbol{C}^{\mathrm{T}}\boldsymbol{A}\boldsymbol{C})^{\mathrm{T}} = \boldsymbol{C}^{\mathrm{T}}\boldsymbol{A}^{\mathrm{T}}\boldsymbol{C} = \boldsymbol{C}^{\mathrm{T}}\boldsymbol{A}\boldsymbol{C} = \boldsymbol{B},$$

所以 $\boldsymbol{B}$ 仍然是对称矩阵. 于是 $\boldsymbol{y}^{\mathrm{T}}\boldsymbol{B}\boldsymbol{y}$ 是以 $\boldsymbol{B}$ 为矩阵的二次型, 又因矩阵 $\boldsymbol{C}$ 可逆, 则

$$R(\boldsymbol{B}) = R(\boldsymbol{C}^{\mathrm{T}}\boldsymbol{A}\boldsymbol{C}) = R(\boldsymbol{A}).$$

由此可知, 对二次型 $f = \boldsymbol{x}^{\mathrm{T}}\boldsymbol{A}\boldsymbol{x}$ 经可逆线性变换 $\boldsymbol{x} = \boldsymbol{C}\boldsymbol{y}$ 后, 得到以与 $\boldsymbol{A}$ 合同的矩阵 $\boldsymbol{C}^{\mathrm{T}}\boldsymbol{A}\boldsymbol{C}$ 为矩阵的二次型, 且二次型的秩保持不变.

矩阵合同具有以下性质:

(1) **自反性**: 对任意 n 阶矩阵 $\boldsymbol{A}$, 有 $\boldsymbol{A}$ 合同于 $\boldsymbol{A}$.

(2) **对称性**: 若 $\boldsymbol{A}$ 合同于 $\boldsymbol{B}$, 则 $\boldsymbol{B}$ 合同于 $\boldsymbol{A}$.

事实上, 若 $\boldsymbol{A}$ 与 $\boldsymbol{B}$ 合同, 则存在可逆矩阵 $\boldsymbol{C}$, 使 $\boldsymbol{B} = \boldsymbol{C}^{\mathrm{T}}\boldsymbol{A}\boldsymbol{C}$. 于是 $\boldsymbol{A} = (\boldsymbol{C}^{\mathrm{T}})^{-1}\boldsymbol{B}\boldsymbol{C}^{-1} = (\boldsymbol{C}^{-1})^{\mathrm{T}}\boldsymbol{B}\boldsymbol{C}^{-1}$, 从而 $\boldsymbol{B}$ 与 $\boldsymbol{A}$ 合同.

(3) **传递性**: 若 $\boldsymbol{A}$ 与 $\boldsymbol{B}$ 合同, $\boldsymbol{B}$ 与 $\boldsymbol{C}$ 合同, 则 $\boldsymbol{A}$ 与 $\boldsymbol{C}$ 合同.

因 $\boldsymbol{A}$ 与 $\boldsymbol{B}$ 合同, $\boldsymbol{B}$ 与 $\boldsymbol{C}$ 合同, 则存在可逆矩阵 $\boldsymbol{C}_1$, $\boldsymbol{C}_2$, 使得 $\boldsymbol{B} = \boldsymbol{C}_1^{\mathrm{T}}\boldsymbol{A}\boldsymbol{C}_1$, $\boldsymbol{C} = \boldsymbol{C}_2^{\mathrm{T}}\boldsymbol{B}\boldsymbol{C}_2$, 于是

$$\boldsymbol{C} = \boldsymbol{C}_2^{\mathrm{T}}(\boldsymbol{C}_1^{\mathrm{T}}\boldsymbol{A}\boldsymbol{C}_1)\boldsymbol{C}_2 = (\boldsymbol{C}_1\boldsymbol{C}_2)^{\mathrm{T}}\boldsymbol{A}(\boldsymbol{C}_1\boldsymbol{C}_2).$$

因 $\boldsymbol{C}_1$, $\boldsymbol{C}_2$ 都可逆, $\boldsymbol{C}_1\boldsymbol{C}_2$ 也可逆, 所以 $\boldsymbol{A}$ 与 $\boldsymbol{C}$ 合同.

5.2 化二次型为标准形

对二次型 $f=\boldsymbol{x}^{\mathrm{T}}\boldsymbol{A}\boldsymbol{x}$, 我们讨论的主要问题是: 寻求可逆变换 $\boldsymbol{x}=\boldsymbol{C}\boldsymbol{y}$, 使二次型变为只含平方项的形式:

$$f=k_1y_1^2+k_2y_2^2+\cdots+k_ny_n^2. \tag{5.4}$$

称式 (5.4) 为二次型 f 的**标准形**.

如果标准形的系数 $k_1,k_2,\cdots,k_n$ 只取 1, −1, 0, 即

$$f=y_1^2+\cdots+y_p^2-y_{p+1}^2-\cdots-y_r^2, \tag{5.5}$$

称式 (5.5) 为二次型的**规范形**.

要使二次型 f 经可逆变换 $\boldsymbol{x}=\boldsymbol{C}\boldsymbol{y}$ 变成标准形, 就要使

$$\begin{aligned}(\boldsymbol{C}\boldsymbol{y})^{\mathrm{T}}\boldsymbol{A}(\boldsymbol{C}\boldsymbol{y})=\boldsymbol{y}^{\mathrm{T}}(\boldsymbol{C}^{\mathrm{T}}\boldsymbol{A}\boldsymbol{C})\boldsymbol{y}&=k_1y_1^2+k_2y_2^2+\cdots+k_ny_n^2\\&=(y_1,y_2,\cdots,y_n)\begin{pmatrix}k_1&&&\\&k_2&&\\&&\ddots&\\&&&k_n\end{pmatrix}\begin{pmatrix}y_1\\y_2\\\vdots\\y_n\end{pmatrix},\end{aligned}$$

也就是要使 $\boldsymbol{C}^{\mathrm{T}}\boldsymbol{A}\boldsymbol{C}$ 成为对角阵. 因此, 问题转化为: 对于对称矩阵 $\boldsymbol{A}$, 寻求可逆矩阵 $\boldsymbol{C}$, 使 $\boldsymbol{C}^{\mathrm{T}}\boldsymbol{A}\boldsymbol{C}$ 为对角阵, 即矩阵 $\boldsymbol{A}$ 合同于对角矩阵.

5.2.1 用正交变换化二次型为标准形

由第 4 章定理 10 知, 对任一实对称矩阵 $\boldsymbol{A}$, 总有正交矩阵 $\boldsymbol{P}$, 使 $\boldsymbol{P}^{-1}\boldsymbol{A}\boldsymbol{P}=\boldsymbol{\Lambda}$, 即 $\boldsymbol{P}^{\mathrm{T}}\boldsymbol{A}\boldsymbol{P}=\boldsymbol{\Lambda}$. 因此, 我们有以下定理.

定理 1 任给二次型 $f=\sum\limits_{i,j=1}^{n}a_{ij}x_ix_j\ (a_{ij}=a_{ji})$, 总有正交变换 $\boldsymbol{x}=\boldsymbol{P}\boldsymbol{y}$, 使 f 化为标准形

$$f=\lambda_1y_1^2+\lambda_2y_2^2+\cdots+\lambda_ny_n^2,$$

其中 $\lambda_1,\lambda_2,\cdots,\lambda_n$ 是二次型 f 的矩阵 $\boldsymbol{A}=(a_{ij})$ 的特征值.

例 5.2 求一个正交变换 $\boldsymbol{x}=\boldsymbol{P}\boldsymbol{y}$, 把二次型

$$f=2x_1^2+5x_2^2+5x_3^2+4x_1x_2-4x_1x_3-8x_2x_3$$

化为标准形.

解　二次型 f 的矩阵

$$\boldsymbol{A}=\begin{pmatrix}2&2&-2\\2&5&-4\\-2&-4&5\end{pmatrix}.$$

矩阵 $\boldsymbol{A}$ 的特征多项式

$$|\boldsymbol{A}-\lambda\boldsymbol{E}|=\begin{vmatrix}2-\lambda&2&-2\\2&5-\lambda&-4\\-2&-4&5-\lambda\end{vmatrix}\overset{r_3+r_2}{=}\begin{vmatrix}2-\lambda&2&-2\\2&5-\lambda&-4\\0&1-\lambda&1-\lambda\end{vmatrix}$$

$$=(1-\lambda)\begin{vmatrix}2-\lambda&2&-2\\2&5-\lambda&-4\\0&1&1\end{vmatrix}=(1-\lambda)\begin{vmatrix}2-\lambda&4&-2\\2&9-\lambda&-4\\0&0&1\end{vmatrix}$$

$$=-(\lambda-10)(\lambda-1)^2.$$

令 $|\boldsymbol{A}-\lambda\boldsymbol{E}|=0$, 得 $\boldsymbol{A}$ 的特征值 $\lambda_1=\lambda_2=1,\ \lambda_3=10$.

对于 $\lambda_1=\lambda_2=1$, 解齐次线性方程组 $(\boldsymbol{A}-\boldsymbol{E})\boldsymbol{x}=\boldsymbol{0}$, 得到两个线性无关的特征向量 $\boldsymbol{p}_1=\begin{pmatrix}-2\\1\\0\end{pmatrix}$, $\boldsymbol{p}_2=\begin{pmatrix}2\\0\\1\end{pmatrix}$. 将 p_1,p_2 正交化, 得

$$\boldsymbol{\xi}_1=\boldsymbol{p}_1=\begin{pmatrix}-2\\1\\0\end{pmatrix},$$

$$\boldsymbol{\xi}_2=\boldsymbol{p}_2-\frac{[\boldsymbol{\xi}_1,\boldsymbol{p}_2]}{[\boldsymbol{\xi}_1,\boldsymbol{\xi}_1]}\boldsymbol{\xi}_1=\begin{pmatrix}2\\0\\1\end{pmatrix}+\frac{4}{5}\begin{pmatrix}-2\\1\\0\end{pmatrix}=\begin{pmatrix}\frac{2}{5}\\\frac{4}{5}\\1\end{pmatrix}.$$

再将 $\boldsymbol{\xi}_1$, $\boldsymbol{\xi}_2$ 单位化, 有

$$\boldsymbol{\eta}_1=\frac{1}{||\boldsymbol{\xi}_1||}\boldsymbol{\xi}_1=\begin{pmatrix}-\frac{2}{\sqrt5}\\\frac{1}{\sqrt5}\\0\end{pmatrix},\quad \boldsymbol{\eta}_2=\frac{1}{||\boldsymbol{\xi}_2||}\boldsymbol{\xi}_2=\begin{pmatrix}\frac{2}{3\sqrt5}\\\frac{4}{3\sqrt5}\\\frac{\sqrt5}{3}\end{pmatrix}.$$

对于 $\lambda_3=10$, 解齐次线性方程组 $(\boldsymbol{A}-10\boldsymbol{E})\boldsymbol{x}=\boldsymbol{0}$, 得对应的特征向量 $\boldsymbol{p}_3=\begin{pmatrix}1\\2\\-2\end{pmatrix}$, 只需将其单位化, 得 $\boldsymbol{\eta}_3=\begin{pmatrix}\frac{1}{3}\\\frac{2}{3}\\-\frac{2}{3}\end{pmatrix}$.

有正交矩阵 $\boldsymbol{P}=\begin{pmatrix}\frac{1}{3}&-\frac{2}{\sqrt{5}}&\frac{2}{3\sqrt{5}}\\\frac{2}{3}&\frac{1}{\sqrt{5}}&\frac{4}{3\sqrt{5}}\\-\frac{2}{3}&0&\frac{\sqrt{5}}{3}\end{pmatrix}$, 使 $\boldsymbol{P}^{\mathrm{T}}\boldsymbol{A}\boldsymbol{P}=\boldsymbol{\Lambda}=\begin{pmatrix}10&0&0\\0&1&0\\0&0&1\end{pmatrix}$, 于是有正交变换 $\boldsymbol{x}=\boldsymbol{P}\boldsymbol{y}$, 把二次型化成标准形

$$f=10y_1^2+y_2^2+y_3^2.$$

如果要把二次型 f 化成规范形, 只需令

$$\begin{cases}y_1=\dfrac{1}{\sqrt{10}}z_1,\\y_2=z_2,\\y_3=z_3,\end{cases}$$

即得 f 的规范形 $f=z_1^2+z_2^2+z_3^2$.

5.2.2 用配方法化二次型为标准形

用正交变换化二次型为标准形, 具有保持几何特征不变的优点. 如果不限于正交变换, 我们还可以用初等变换法和配方法化二次型为标准形. 本节只介绍配方法.

例 5.3 用配方法将二次型

$$f=2x_1^2+5x_2^2+5x_3^2+4x_1x_2-4x_1x_3-8x_2x_3$$

化为标准形和规范形, 并求所用的可逆线性变换.

解 由于 f 中含 x_1 的平方项, 先将含 x_1 的各项归并在一起, 并配成完全平方项

$$f=2(x_1+x_2-x_3)^2+3x_2^2+3x_3^2-4x_2x_3.$$

再对后三项中含 x_2 的项配方, 有

$$f=2(x_1+x_2-x_3)^2+3\left(x_2-\frac{2}{3}x_3\right)^2+\frac{5}{3}x_3^2.$$

令 $\begin{cases} y_1 = x_1 + x_2 - x_3, \\ y_2 = x_2 - \dfrac{2}{3}x_3, \\ y_3 = x_3, \end{cases}$ 即 $\begin{cases} x_1 = y_1 - y_2 + \dfrac{1}{3}y_3, \\ x_2 = y_2 + \dfrac{2}{3}y_3, \\ x_3 = y_3, \end{cases}$ 则原二次型化成标准形

$$f = 2y_1^2 + 3y_2^2 + \frac{5}{3}y_3^2.$$

所用线性变换的矩阵为

$$\boldsymbol{C}_1 = \begin{pmatrix} 1 & -1 & \dfrac{1}{3} \\ 0 & 1 & \dfrac{2}{3} \\ 0 & 0 & 1 \end{pmatrix}.$$

因 $|\boldsymbol{C}_1| = 1 \neq 0$, 所用线性变换 $\boldsymbol{x} = \boldsymbol{C}_1\boldsymbol{y}$ 是可逆线性变换.

再令

$$\begin{cases} y_1 = \dfrac{1}{\sqrt{2}}z_1, \\ y_2 = \dfrac{1}{\sqrt{3}}z_2, \\ y_3 = \sqrt{\dfrac{3}{5}}z_3, \end{cases}$$

则原二次型 f 化成规范形

$$f = z_1^2 + z_2^2 + z_3^2.$$

所用线性变换的矩阵为

$$\boldsymbol{C}_2 = \begin{pmatrix} 1 & -1 & \dfrac{1}{3} \\ 0 & 1 & \dfrac{2}{3} \\ 0 & 0 & 1 \end{pmatrix} \begin{pmatrix} \dfrac{1}{\sqrt{2}} & 0 & 0 \\ 0 & \dfrac{1}{\sqrt{3}} & 0 \\ 0 & 0 & \sqrt{\dfrac{3}{5}} \end{pmatrix} = \begin{pmatrix} \dfrac{1}{\sqrt{2}} & -\dfrac{1}{\sqrt{3}} & \dfrac{1}{\sqrt{15}} \\ 0 & \dfrac{1}{\sqrt{3}} & \dfrac{2}{\sqrt{15}} \\ 0 & 0 & \dfrac{3}{\sqrt{15}} \end{pmatrix}.$$

因 $|\boldsymbol{C}_2| = \dfrac{1}{\sqrt{10}} \neq 0$, 所用线性变换 $\boldsymbol{x} = \boldsymbol{C}_2\boldsymbol{z}$ 是可逆线性变换.

例 5.4　用配方法将二次型

$$f = 2x_1x_2 - 2x_1x_3 + 4x_2x_3$$

化成标准形, 并求所用的变换矩阵.

解　因二次型 f 中没有完全平方项, 可令

$$\begin{cases} x_1 = y_1 + y_2, \\ x_2 = y_1 - y_2, \\ x_3 = y_3, \end{cases}$$

即 $\boldsymbol{x} = \boldsymbol{C}_1\boldsymbol{y}$, 其中 $\boldsymbol{C}_1 = \begin{pmatrix} 1 & 1 & 0 \\ 1 & -1 & 0 \\ 0 & 0 & 1 \end{pmatrix}$.

原二次型化为

$$\begin{aligned} f &= 2(y_1+y_2)(y_1-y_2) - 2(y_1+y_2)y_3 + 4(y_1-y_2)y_3 \\ &= 2y_1^2 - 2y_2^2 + 2y_1y_3 - 6y_2y_3 \\ &= 2\left(y_1 + \frac{1}{2}y_3\right)^2 - 2y_2^2 - \frac{1}{2}y_3^2 - 6y_2y_3 \\ &= 2\left(y_1 + \frac{1}{2}y_3\right)^2 - 2(y_2 + \frac{3}{2}y_3)^2 + 4y_3^2. \end{aligned}$$

令 $\begin{cases} z_1 = y_1 + \dfrac{1}{2}y_3, \\ z_2 = y_2 + \dfrac{3}{2}y_3, \\ z_3 = y_3, \end{cases}$ 即 $\begin{cases} y_1 = z_1 - \dfrac{1}{2}z_3, \\ y_2 = z_2 - \dfrac{3}{2}z_3, \\ y_3 = z_3, \end{cases}$ 则 f 化成标准形

$$f = 2z_1^2 - 2z_2^2 + 4z_3^2.$$

所用变换矩阵为

$$\boldsymbol{C} = \begin{pmatrix} 1 & 1 & 0 \\ 1 & -1 & 0 \\ 0 & 0 & 1 \end{pmatrix} \begin{pmatrix} 1 & 0 & -\dfrac{1}{2} \\ 0 & 1 & -\dfrac{3}{2} \\ 0 & 0 & 1 \end{pmatrix} = \begin{pmatrix} 1 & 1 & -2 \\ 1 & -1 & 1 \\ 0 & 0 & 1 \end{pmatrix}, \ |\boldsymbol{C}| = -2 \neq 0.$$

一般地, 可以证明: 任一 n 元二次型都可以用配方法化为标准形.

5.2.3　惯性定理

由例 5.2 和例 5.3 可以看出, 对一个二次型可以用不同的可逆线性变换化成标准形, 且标准形不唯一. 但标准形中所含正、负平方项的个数是不变的, 即二次型的规范形是唯一的, 也就是有:

定理 2　任一二次型 $f=\boldsymbol{x}^{\mathrm{T}}\boldsymbol{A}\boldsymbol{x}$ 都可以通过可逆线性变换化为规范形

$$f=y_1^2+y_2^2+\cdots+y_p^2-y_{p+1}^2-\cdots-y_r^2,$$

且规范形是唯一的, $r=R(\boldsymbol{A})$ 是二次型 f 的秩.

称规范形中正项个数 p 为二次型的**正惯性指数**, 负项个数 $r-p$ 为二次型的**负惯性指数**.

推论　对任一 n 阶实对称矩阵 $\boldsymbol{A}$, 都存在可逆矩阵 $\boldsymbol{C}$, 使得 $\boldsymbol{C}^{\mathrm{T}}\boldsymbol{A}\boldsymbol{C}=\boldsymbol{\Lambda}$, 其中 $\boldsymbol{\Lambda}=\begin{pmatrix}\boldsymbol{E}_p & & \\ & -\boldsymbol{E}_{r-p} & \\ & & \boldsymbol{0}\end{pmatrix}$, $r=R(\boldsymbol{A})$.

5.3　正定二次型

本节介绍在理论及应用方面都重要的两类二次型, 就是正惯性指数为 n 和负惯性指数为 n 的二次型.

定义 5.3　设有二次型 $f(\boldsymbol{x})=\boldsymbol{x}^{\mathrm{T}}\boldsymbol{A}\boldsymbol{x}$, 如果对任何非零向量 $\boldsymbol{x}$, 都有 $f(\boldsymbol{x})=\boldsymbol{x}^{\mathrm{T}}\boldsymbol{A}\boldsymbol{x}>0$, 则称 f 为**正定二次型**, 并称对称矩阵 $\boldsymbol{A}$ 为**正定矩阵**; 如果对任何非零向量 $\boldsymbol{x}$, 都有 $f(\boldsymbol{x})=\boldsymbol{x}^{\mathrm{T}}\boldsymbol{A}\boldsymbol{x}<0$, 则称 f 为**负定二次型**, 并称对称矩阵 $\boldsymbol{A}$ 为**负定矩阵**.

(1) 二次型 $f(x_1,x_2,x_3)=3x_1^2+x_2^2+5x_3^2$ 是正定二次型. 事实上, 对任意的 $\boldsymbol{x}=(x_1,x_2,x_3)^{\mathrm{T}}\neq\boldsymbol{0}$, 都有

$$f(x_1,x_2,x_3)=3x_1^2+x_2^2+5x_3^2>0.$$

(2) 二次型 $f(x_1,x_2,x_3)=-x_1^2-2x_2^2-4x_3^2$ 是负定二次型. 事实上, 对任意的 $\boldsymbol{x}=(x_1,x_2,x_3)^{\mathrm{T}}\neq\boldsymbol{0}$, 都有

$$f(x_1,x_2,x_3)=-x_1^2-2x_2^2-4x_3^2<0.$$

(3) 二次型 $f(x_1,x_2,x_3)=-x_1^2+2x_2^2+x_3^2$, 既不是正定二次型也不是负定二次型. 事实上对 $\boldsymbol{x}_1=(0,1,1)^{\mathrm{T}}$, 有 $f(\boldsymbol{x}_1)=3>0$; 对 $\boldsymbol{x}_2=(1,0,0)^{\mathrm{T}}$, 有 $f(\boldsymbol{x}_2)=-1<0$.

关于二次型正定性的判定, 有以下定理:

定理 3　设 $\boldsymbol{A}$ 是 n 阶实对称矩阵, 则下列命题等价

(1) $f(\boldsymbol{x})=\boldsymbol{x}^{\mathrm{T}}\boldsymbol{A}\boldsymbol{x}$ 是正定二次型 (或 $\boldsymbol{A}$ 是正定矩阵);

(2) 二次型 $f(\boldsymbol{x})=\boldsymbol{x}^{\mathrm{T}}\boldsymbol{A}\boldsymbol{x}$ 的正惯性指数为 n, 即 $\boldsymbol{A}$ 合同于 $\boldsymbol{E}$;

(3) 存在可逆矩阵 $\boldsymbol{P}$, 使得 $\boldsymbol{A}=\boldsymbol{P}^{\mathrm{T}}\boldsymbol{P}$;

(4) $\boldsymbol{A}$ 的 n 个特征值全大于零.

证明 (采用循环证法)

(1) $\Rightarrow$ (2): 由定理 2, 二次型 $f(\boldsymbol{x})=\boldsymbol{x}^{\mathrm{T}}\boldsymbol{A}\boldsymbol{x}$ 通过可逆线性变换 $\boldsymbol{x}=\boldsymbol{C}\boldsymbol{y}$ 化为规范形式

$$f=y_1^2+\cdots+y_p^2-y_{p+1}^2-\cdots-y_r^2,\quad p\leqslant r\leqslant n.$$

假设正惯性指数 $p<n$, 则当 $r<n$ 时, y_n^2 的系数为 0; 当 $r=n$ 时, y_n^2 的系数为 -1, 取 $\boldsymbol{y}=\boldsymbol{e}_n=(0,0,\cdots,1)^{\mathrm{T}}$, 有 $f(\boldsymbol{C}\boldsymbol{e}_n)=0$或$-1$. 显然有 $\boldsymbol{x}=\boldsymbol{C}\boldsymbol{e}_n\neq\boldsymbol{0}$, 这与 f 为正定二次型矛盾. 故 $p=n$, 从而 $\boldsymbol{A}$ 合同于 $\boldsymbol{E}$.

(2) $\Rightarrow$ (3): 设 $\boldsymbol{A}$ 合同于 $\boldsymbol{E}$, 即存在可逆矩阵 $\boldsymbol{C}$, 使得 $\boldsymbol{C}^{\mathrm{T}}\boldsymbol{A}\boldsymbol{C}=\boldsymbol{E}$, 即 $\boldsymbol{A}=(\boldsymbol{C}^{\mathrm{T}})^{-1}\boldsymbol{C}^{-1}=(\boldsymbol{C}^{-1})^{\mathrm{T}}\boldsymbol{C}^{-1}$. 令 $\boldsymbol{P}=\boldsymbol{C}^{-1}$, 则有 $\boldsymbol{A}=\boldsymbol{P}^{\mathrm{T}}\boldsymbol{P}$.

(3) $\Rightarrow$ (4): 设 λ 是矩阵 $\boldsymbol{A}$ 的任一特征值, 其对应的特征向量为 $\boldsymbol{x}$, 则有 $\boldsymbol{A}\boldsymbol{x}=\lambda\boldsymbol{x}$. 由 (3) 有 $(\boldsymbol{P}^{\mathrm{T}}\boldsymbol{P})\boldsymbol{x}=\lambda\boldsymbol{x}$, 左乘 $\boldsymbol{x}^{\mathrm{T}}$, 有 $\boldsymbol{x}^{\mathrm{T}}(\boldsymbol{P}^{\mathrm{T}}\boldsymbol{P})\boldsymbol{x}=\lambda\boldsymbol{x}^{\mathrm{T}}\boldsymbol{x}$, 即 $(\boldsymbol{P}\boldsymbol{x})^{\mathrm{T}}(\boldsymbol{P}\boldsymbol{x})=\lambda\boldsymbol{x}^{\mathrm{T}}\boldsymbol{x}$. 由于 $\boldsymbol{x}\neq\boldsymbol{0}$, 从而有 $\boldsymbol{P}\boldsymbol{x}\neq\boldsymbol{0}$, 故

$$\lambda=\frac{(\boldsymbol{P}\boldsymbol{x})^{\mathrm{T}}(\boldsymbol{P}\boldsymbol{x})}{\boldsymbol{x}^{\mathrm{T}}\boldsymbol{x}}>0.$$

(4) $\Rightarrow$ (1): 对 n 阶对称矩阵 $\boldsymbol{A}$, 存在正交矩阵 $\boldsymbol{Q}$, 使得

$$\boldsymbol{Q}^{\mathrm{T}}\boldsymbol{A}\boldsymbol{Q}=\boldsymbol{\Lambda}=\begin{pmatrix}\lambda_1&&&\\&\lambda_2&&\\&&\ddots&\\&&&\lambda_n\end{pmatrix},$$

即对二次型作正交变换 $\boldsymbol{x}=\boldsymbol{Q}\boldsymbol{y}$, 有

$$f(\boldsymbol{x})=f(\boldsymbol{Q}\boldsymbol{y})=\lambda_1y_1^2+\lambda_2y_2^2+\cdots+\lambda_ny_n^2.$$

因 $\lambda_i>0\ (i=1,2,\cdots,n)$, 任给 $\boldsymbol{x}\neq\boldsymbol{0}$, 有 $f(\boldsymbol{x})=\lambda_1y_1^2+\lambda_2y_2^2+\cdots+\lambda_ny_n^2>0$, 即二次型 $f(\boldsymbol{x})=\boldsymbol{x}^{\mathrm{T}}\boldsymbol{A}\boldsymbol{x}$ 是正定二次型.

定理 4 对称矩阵 $\boldsymbol{A}$ 为正定的充分必要条件是: $\boldsymbol{A}$ 的各阶顺序主子式全大于零, 即

$$a_{11}>0,\quad\begin{vmatrix}a_{11}&a_{12}\\a_{21}&a_{22}\end{vmatrix}>0,\ \cdots,\begin{vmatrix}a_{11}&a_{12}&\cdots&a_{1n}\\a_{21}&a_{22}&\cdots&a_{2n}\\\vdots&\vdots&&\vdots\\a_{n1}&a_{n2}&\cdots&a_{nn}\end{vmatrix}>0.$$

对称矩阵 $\boldsymbol{A}$ 为负定的充分必要条件是: A 的奇数阶顺序主子式小于零, 而偶数阶顺序主子式大于零.

该定理不予以证明.

例 5.5　设二次型 $f(x_1,x_2,x_3)=x_1^2+3x_2^2+9x_3^2+2tx_1x_2+4x_1x_3$, 试问 t 为何值时, 该二次型为正定二次型.

解　f 的矩阵为

$$\boldsymbol{A}=\begin{pmatrix}1&t&2\\t&3&0\\2&0&9\end{pmatrix}.$$

当 $\boldsymbol{A}$ 的各阶顺序主子式大于零时, $\boldsymbol{A}$ 为正定矩阵. 由

$$a_{11}=1>0,\quad \begin{vmatrix}1&t\\t&3\end{vmatrix}=3-t^2>0,\quad |\boldsymbol{A}|=\begin{vmatrix}1&t&2\\t&3&0\\2&0&9\end{vmatrix}=15-9t^2>0,$$

解得 $|t|<\dfrac{\sqrt{15}}{3}$. 即当 $|t|<\dfrac{\sqrt{15}}{3}$ 时, $\boldsymbol{A}$ 为正定矩阵, 对应的二次型 f 为正定二次型.

习　题　5

1. 写出下列二次型的矩阵, 并求二次型的秩.

(1) $f=x_1^2-4x_1x_2+2x_1x_3-x_2^2+5x_3^2$;

(2) $f=x_1^2+x_2^2+x_3^2+x_4^2-2x_1x_2+4x_1x_3-2x_1x_4+6x_2x_3-4x_2x_4$.

2. 已知二次型 $f=5x_1^2+5x_2^2+ax_3^2-2x_1x_2+6x_1x_3-6x_2x_3$ 的秩为 2, 求 a, 并用正交变换化二次型为标准形.

3. 用正交变换化二次型 $f=x_1^2+3x_2^2+x_3^2+2x_1x_2+2x_1x_3+2x_2x_3$ 为标准形, 并求所用的变换矩阵.

4. 用配方法化下列二次型为标准形, 并求所用的变换矩阵.

(1) $f=x_1^2+2x_3^2+2x_1x_3-2x_2x_3$;

(2) $f=x_1x_2+x_1x_3+x_2x_3$.

5. 设 $f=x_1^2+x_2^2+5x_3^2+2ax_1x_2-2x_1x_3+4x_2x_3$ 为正定二次型, 求 a.

6. 判定二次型 $f=\sum\limits_{i=1}^{n}x_i^2+\sum\limits_{1\leqslant i<j\leqslant n}x_ix_j$ 的正定性.

7. 设二次型

$$f=\boldsymbol{x}^{\mathrm{T}}\boldsymbol{A}\boldsymbol{x}=ax_1^2+2x_2^2-2x_3^2+2bx_1x_3,\quad b>0,$$

其中, 矩阵 $\boldsymbol{A}$ 的特征值之和为 1, 特征值之积为 -12.

(1) 求 a, b 的值;

(2) 利用正交变换化二次型 f 为标准形, 并给出所用的正交矩阵.

8. 设 $\boldsymbol{A}$ 为三阶实对称矩阵, 且满足 $\boldsymbol{A}^2+2\boldsymbol{A}=\boldsymbol{O}$, $\boldsymbol{E}$ 为 3 阶单位矩阵, 已知 $\boldsymbol{A}$ 的秩为 2

(1) 求 $\boldsymbol{A}$ 的特征值;

(2) t 为何值时, 矩阵 $\boldsymbol{A}+t\boldsymbol{E}$ 为正定矩阵.

9. 设 $\boldsymbol{A}$, $\boldsymbol{B}$ 分别为 m, n 阶正定矩阵, 证明: 矩阵 $\boldsymbol{C}=\begin{pmatrix}\boldsymbol{A} & \boldsymbol{O}\\ \boldsymbol{O} & \boldsymbol{B}\end{pmatrix}$ 也是正定矩阵.

10. 设 $\boldsymbol{A}$ 是 n 阶正定矩阵, $\boldsymbol{E}$ 是 n 阶单位矩阵, 证明: $|\boldsymbol{A}+\boldsymbol{E}|>1$.

习题答案

习题 1

1. $x=2,y=1,z=5$.

2. $\begin{pmatrix} -1 & 4 & -14 \\ -12 & 5 & 15 \\ 9 & 3 & -1 \end{pmatrix}$.

3. $\boldsymbol{A},\boldsymbol{B}$ 不可交换.

4. (1) 35； (2) $\begin{pmatrix} 1 & 2 \\ 3 & 8 \\ 2 & 3 \end{pmatrix}$； (3) $\begin{pmatrix} -6 & -1 & -7 \\ -3 & -2 & 14 \\ 11 & 4 & 2 \end{pmatrix}$.

5. $\begin{pmatrix} 5 & 17 & -15 \\ 5 & -5 & 29 \end{pmatrix}$.

6. (1) $\begin{pmatrix} 1 & 0 & 0 \\ 0 & 2^n & 0 \\ 0 & 0 & 3^n \end{pmatrix}$； (2) $\begin{pmatrix} \lambda^n & n\lambda^{n-1} & \dfrac{n(n-1)}{2}\lambda^{n-2} \\ 0 & \lambda^n & n\lambda^{n-1} \\ 0 & 0 & \lambda^n \end{pmatrix}$.

8. (1) 5； (2) 14； (3) $\dfrac{n(n-1)}{2}$.

9. $-a_{11}a_{23}a_{34}a_{45}a_{52}$， $a_{11}a_{25}a_{34}a_{43}a_{52}$.

10. (1)23；(2)8；(3)44；(4)12.

11. 6.

12. (1) $a^n+(-1)^{n+1}b^n$；(2)$[x+(n-1)a](x-a)^{n-1}$；(3)$\left(\sum\limits_{i=0}^{n-1}a_i\right)x^{n-1}$；

(4) $a_1a_2\cdots a_n\left(1+\sum\limits_{i=1}^{n}\dfrac{1}{a_i}\right)$.

13. (1)$\dfrac{1}{8}\begin{pmatrix} -5 & 6 \\ -3 & 2 \end{pmatrix}$；(2)$\begin{pmatrix} \dfrac{1}{a_1} & & & \\ & \dfrac{1}{a_2} & & \\ & & \ddots & \\ & & & \dfrac{1}{a_n} \end{pmatrix}$；(3)$\begin{pmatrix} 1 & -\dfrac{1}{2} & \dfrac{5}{2} \\ 0 & \dfrac{1}{4} & -\dfrac{3}{4} \\ 0 & 0 & 1 \end{pmatrix}$.

14. (1) $\frac{1}{14}\begin{pmatrix} 5 & 13 \\ 3 & 5 \end{pmatrix}$; (2) $\begin{pmatrix} 2 & 1 & 3 \\ 1 & 1 & 0 \\ 3 & 2 & 1 \end{pmatrix}$.

15. $\boldsymbol{A}^{-1}=\frac{1}{2}(\boldsymbol{A}-3\boldsymbol{E})$, $(\boldsymbol{A}+2\boldsymbol{E})^{-1}=-\frac{1}{8}(\boldsymbol{A}-5\boldsymbol{E})$.

16. -54.

18. $\begin{pmatrix} 5 & -2 & -1 \\ -2 & 2 & 0 \\ -1 & 0 & 1 \end{pmatrix}$.

19. (1) $\begin{pmatrix} 1 & 0 & 0 \\ 0 & \frac{1}{4} & -\frac{3}{4} \\ 0 & 0 & 1 \end{pmatrix}$; (2) $\begin{pmatrix} -2 & 1 & 0 & 0 \\ \frac{3}{2} & -\frac{1}{2} & 0 & 0 \\ 0 & 0 & -4 & 3 \\ 0 & 0 & \frac{7}{2} & -\frac{5}{2} \end{pmatrix}$.

20. $\begin{pmatrix} \boldsymbol{O} & \boldsymbol{B}^{-1} \\ \boldsymbol{A}^{-1} & \boldsymbol{O} \end{pmatrix}$.

21. $\frac{1}{2\cdot 2000!}$.

22. (1) $x_1=3, x_2=-1$; (2) $x_1=3, x_2=-4, x_3=-1, x_4=1$.

23. $a=-1$ 或 $a=-2$.

24. $a=1$ 或 $b=0$.

习题 2

1. $\begin{pmatrix} 2 & 3 & 4 \\ 3 & 4 & 5 \\ 1 & -1 & 2 \end{pmatrix}$.

2. (1) $\begin{pmatrix} 0 & 1 & 0 \\ -1 & 2 & -1 \end{pmatrix}$; (2) $\begin{pmatrix} -1 & 3 \\ \frac{11}{2} & -\frac{7}{2} \\ -\frac{3}{2} & \frac{3}{2} \end{pmatrix}$.

3. (1) $R(\boldsymbol{A})=3$, $\begin{vmatrix} 2 & -4 & 1 \\ 1 & -5 & 2 \\ 1 & -1 & 1 \end{vmatrix}=-6$; (2) $R(\boldsymbol{A})=3$, $\begin{vmatrix} 2 & -1 & 1 \\ 1 & 1 & 1 \\ 4 & -6 & -2 \end{vmatrix}=-8$.

4. (1) $\begin{pmatrix} x_1 \\ x_2 \\ x_3 \\ x_4 \end{pmatrix} = k_1 \begin{pmatrix} 2 \\ -2 \\ 1 \\ 0 \end{pmatrix} + k_2 \begin{pmatrix} \frac{5}{3} \\ -\frac{4}{3} \\ 0 \\ 1 \end{pmatrix}$, k_1, k_2 为任意实数；

(2) $x_1 = x_2 = x_3 = x_4 = 0$；

(3) 无解；

(4) $\begin{pmatrix} x_1 \\ x_2 \\ x_3 \\ x_4 \end{pmatrix} = k_1 \begin{pmatrix} \frac{3}{2} \\ \frac{3}{2} \\ 1 \\ 0 \end{pmatrix} + k_2 \begin{pmatrix} -\frac{3}{4} \\ \frac{7}{4} \\ 0 \\ 1 \end{pmatrix} + \begin{pmatrix} \frac{5}{4} \\ -\frac{1}{4} \\ 0 \\ 0 \end{pmatrix}$ (k_1, k_2 为任意实数).

5. $\lambda \neq 0$ 且 $\lambda \neq -3$ 时, 有唯一解；$\lambda = 0$ 时, 无解；$\lambda = -3$ 时, 有无穷多解, 其全部解为

$$\begin{pmatrix} x_1 \\ x_2 \\ x_3 \end{pmatrix} = k \begin{pmatrix} 1 \\ 1 \\ 1 \end{pmatrix} + \begin{pmatrix} -1 \\ -2 \\ 0 \end{pmatrix}, \quad k \text{ 为任意实数.}$$

6. $\lambda \neq -2$ 且 $\lambda \neq 1$ 时, 有唯一解；$\lambda = -2$ 时, 无解；$\lambda = 1$ 时, 有无穷多解, 其全部解为

$$\begin{pmatrix} x_1 \\ x_2 \\ x_3 \end{pmatrix} = k_1 \begin{pmatrix} -1 \\ 1 \\ 0 \end{pmatrix} + k_2 \begin{pmatrix} -1 \\ 0 \\ 1 \end{pmatrix} + \begin{pmatrix} 1 \\ 0 \\ 0 \end{pmatrix}, \quad k_1, k_2 \text{ 为任意实数.}$$

9. $\begin{cases} x_1 + 2x_3 - 3x_4 = 0, \\ x_2 - 4x_3 + 2x_4 = 0. \end{cases}$

习题 3

2. (1) 线性无关；(2) 线性相关；(3) 线性无关.

3. $a = -2$ 或 $a = 3$.

9. (1) $\boldsymbol{\alpha}_1, \boldsymbol{\alpha}_2$ 为向量组的一个极大无关组, 且 $\boldsymbol{\alpha}_3 = -3\boldsymbol{\alpha}_1 + 2\boldsymbol{\alpha}_2$；

(2) $\boldsymbol{\alpha}_1, \boldsymbol{\alpha}_2, \boldsymbol{\alpha}_3$ 为向量组的一个极大无关组, 且 $\boldsymbol{\alpha}_4 = 2\boldsymbol{\alpha}_1 + \boldsymbol{\alpha}_2 - \boldsymbol{\alpha}_3$.

10. $R(\boldsymbol{\alpha}_1, \boldsymbol{\alpha}_2, \boldsymbol{\alpha}_3, \boldsymbol{\alpha}_4) = 2$.

11. (1) 基础解系: $\boldsymbol{\xi}_1 = \begin{pmatrix} -\frac{1}{2} \\ \frac{3}{2} \\ 1 \\ 0 \end{pmatrix}$, $\boldsymbol{\xi}_2 = \begin{pmatrix} 0 \\ -1 \\ 0 \\ 1 \end{pmatrix}$, 通解: $\boldsymbol{x} = k_1\boldsymbol{\xi}_1 + k_2\boldsymbol{\xi}_2$ (k_1, k_2 为任意实数);

(2) 基础解系: $\boldsymbol{\xi}_1 = \begin{pmatrix} 2 \\ 1 \\ 0 \\ 0 \end{pmatrix}$, $\boldsymbol{\xi}_2 = \begin{pmatrix} \frac{2}{7} \\ 0 \\ -\frac{5}{7} \\ 1 \end{pmatrix}$, 通解: $x = k_1\boldsymbol{\xi}_1 + k_2\boldsymbol{\xi}_2$ (k_1, k_2 为任意实数);

12. (1) 无解; (2) 有解, 且通解为 $\begin{pmatrix} x_1 \\ x_2 \\ x_3 \\ x_4 \end{pmatrix} = k\begin{pmatrix} -1 \\ 2 \\ 1 \\ 0 \end{pmatrix} + \begin{pmatrix} 3 \\ -8 \\ 0 \\ 6 \end{pmatrix}$ (k 为任意实数);

(3) 有解, 且通解为 $\begin{pmatrix} x_1 \\ x_2 \\ x_3 \\ x_4 \\ x_5 \end{pmatrix} = k\begin{pmatrix} 0 \\ 0 \\ -1 \\ 1 \\ 0 \end{pmatrix} + \begin{pmatrix} -2 \\ 0 \\ 1 \\ 0 \\ 0 \end{pmatrix}$ (k 为任意实数).

13. $\boldsymbol{\alpha}$ 在此基下的坐标为 1,1,−1.

14. $a = 1$ 且 $b \neq -1$ 时, 无解; $a \neq 1$,b 为任意实数时, 有唯一解; $a = 1$ 且 $b = -1$ 时, 有无穷多解, 其全部解为 $\begin{pmatrix} x_1 \\ x_2 \\ x_3 \\ x_4 \end{pmatrix} = k_1\begin{pmatrix} 1 \\ -2 \\ 1 \\ 0 \end{pmatrix} + k_2\begin{pmatrix} 1 \\ -2 \\ 0 \\ 1 \end{pmatrix} + \begin{pmatrix} -1 \\ 1 \\ 0 \\ 0 \end{pmatrix}$, k_1, k_2 为任意实数.

15. (1) 当 $a = 0$, b 为任意常数时, $\boldsymbol{\beta}$ 不能由 $\boldsymbol{\alpha}_1, \boldsymbol{\alpha}_2, \boldsymbol{\alpha}_3$ 线性表示;

(2) 当 $a \neq 0$, $a \neq b$ 时, $\boldsymbol{\beta}$ 可由 $\boldsymbol{\alpha}_1, \boldsymbol{\alpha}_2, \boldsymbol{\alpha}_3$ 线性表示, 且表示式唯一;

(3) 当 $a = b \neq 0$ 时, $\boldsymbol{\beta}$ 可由 $\boldsymbol{\alpha}_1, \boldsymbol{\alpha}_2, \boldsymbol{\alpha}_3$ 线性表示, 但表达式不唯一, 且

$$\boldsymbol{\beta} = \left(1 - \frac{1}{a}\right)\boldsymbol{\alpha}_1 + \left(c + \frac{1}{a}\right)\boldsymbol{\alpha}_2 + c\boldsymbol{\alpha}_3 \quad (c\text{为任意实数}).$$

习题 4

1. (1) $\lambda_1=0,\lambda_2=-1,\lambda_3=9$；对应特征值 $\lambda_1=0$ 的全部特征向量为 $k\boldsymbol{p}_1=k\begin{pmatrix}-1\\-1\\1\end{pmatrix}$, 对应特征值 $\lambda_2=-1$ 的全部特征向量为 $k\boldsymbol{p}_2=k\begin{pmatrix}-1\\1\\0\end{pmatrix}$, 对应特征值 $\lambda_3=9$ 的全部特征向量为 $k\boldsymbol{p}_3=k\begin{pmatrix}1\\1\\2\end{pmatrix}$；

(2) $\lambda_1=-2,\lambda_2=\lambda_3=\lambda_4=2$；对应特征值 $\lambda_1=-2$ 的全部特征向量为 $k\boldsymbol{p}_1=k\begin{pmatrix}-1\\1\\1\\1\end{pmatrix}$, 对应特征值 $\lambda_2=\lambda_3=\lambda_4=2$ 的全部特征向量为 $k_1\boldsymbol{p}_2+k_2\boldsymbol{p}_3+k_3\boldsymbol{p}_4=k_1\begin{pmatrix}1\\1\\0\\0\end{pmatrix}+k_2\begin{pmatrix}1\\0\\1\\0\end{pmatrix}+k_3\begin{pmatrix}1\\0\\0\\1\end{pmatrix}$ $(k_1,k_2,k_3$ 不全为零).

2. 0.

3. 5.

6. $a=3$ 时, 矩阵可对角化.

7. (1) $a=5,b=6$；(2) $\boldsymbol{P}=\begin{pmatrix}1&0&1\\0&1&-2\\1&1&3\end{pmatrix}$, 有 $\boldsymbol{P}^{-1}\boldsymbol{AP}=\begin{pmatrix}2&0&0\\0&2&0\\0&0&6\end{pmatrix}$.

8. $\boldsymbol{A}^n=\begin{pmatrix}-1&1&0\\-2&2&0\\4&-2&1\end{pmatrix}$.

9. (1) $a=2,b=-3$, $\boldsymbol{p}$ 对应的特征值 $\lambda=-1$；(2) 矩阵 $\boldsymbol{A}$ 不能对角化.

10. $k=0$ 时, 矩阵 $\boldsymbol{A}$ 可对角化; $\boldsymbol{P}=\begin{pmatrix}1&0&1\\0&1&0\\2&1&1\end{pmatrix}$, 有 $\boldsymbol{P}^{-1}\boldsymbol{AP}=\begin{pmatrix}-1&0&0\\0&-1&0\\0&0&1\end{pmatrix}$.

11. (1) $\boldsymbol{p}_3=\begin{pmatrix}1\\0\\1\end{pmatrix}$；(2) $\boldsymbol{A}=\dfrac{1}{6}\begin{pmatrix}13&-2&5\\-2&10&2\\5&2&13\end{pmatrix}$.

12. (1) $\boldsymbol{p}_2 = \begin{pmatrix} 1 \\ 0 \\ 1 \end{pmatrix}$, $\boldsymbol{p}_3 = \begin{pmatrix} 0 \\ 1 \\ 1 \end{pmatrix}$; (2) $\boldsymbol{A} = \begin{pmatrix} 0 & -1 & 1 \\ -1 & 0 & 1 \\ 1 & 1 & 0 \end{pmatrix}$.

习题 5

1. (1) $\boldsymbol{A} = \begin{pmatrix} 1 & -2 & 1 \\ -2 & -1 & 0 \\ 1 & 0 & 5 \end{pmatrix}$, 二次型的秩为 3；(2) $\boldsymbol{A} = \begin{pmatrix} 1 & -1 & 2 & -1 \\ -1 & 1 & 3 & -2 \\ 2 & 3 & 1 & 0 \\ -1 & -2 & 0 & 1 \end{pmatrix}$, 二次型的秩为 4.

2. $a = 3,\ f = 4y_1^2 + 9y_2^2$.

3. $f = y_1^2 + 4y_2^2$, $\boldsymbol{P} = \begin{pmatrix} \frac{1}{\sqrt{3}} & \frac{1}{\sqrt{6}} & -\frac{1}{\sqrt{2}} \\ -\frac{1}{\sqrt{3}} & \frac{2}{\sqrt{6}} & 0 \\ \frac{1}{\sqrt{3}} & \frac{1}{\sqrt{6}} & \frac{1}{\sqrt{2}} \end{pmatrix}$.

4. (1) $f = y_1^2 - y_2^2 + y_3^2$, $\begin{pmatrix} 1 & -1 & 1 \\ 0 & 1 & 0 \\ 0 & 1 & -1 \end{pmatrix}$; (2) $f = z_1^2 - z_2^2 - z_3^2$, $\begin{pmatrix} 1 & -1 & 0 \\ 0 & 1 & 0 \\ 0 & 1 & -1 \end{pmatrix}$.

5. $-\frac{4}{5} < a < 0$.

6. f 是正定二次型.

7. (1) $a = 1,\ b = 2$；(2) $f = 2y_1^2 + 2y_2^2 - 3y_3^2$, $\begin{pmatrix} x_1 \\ x_2 \\ x_3 \end{pmatrix} = \begin{pmatrix} 0 & \frac{2}{\sqrt{5}} & \frac{1}{\sqrt{5}} \\ 1 & 0 & 0 \\ 0 & \frac{1}{\sqrt{5}} & -\frac{2}{\sqrt{5}} \end{pmatrix} \begin{pmatrix} y_1 \\ y_2 \\ y_3 \end{pmatrix}$.

8. (1) $0, -2, -2$； (2) $t > 2$.